锚固与注浆技能培训丛书

锚固与注浆设备及机具

中国岩石力学与工程学会锚固与注浆分会　编
彭春雷　主编

中国电力出版社
CHINA ELECTRIC POWER PRESS

内 容 提 要

本书是《锚固与注浆技能培训丛书 锚固与注浆设备及机具》分册。共分为八章内容。第一章钻孔机械设备，主要介绍了钻孔机械设备的分类、用途、结构组成及维护保养；第二章注浆机械设备，主要介绍了注浆机械设备的分类、使用、结构组成及维护保养；第三章制浆机械设备，主要介绍了制浆机械设备的用途、结构组成及维护；第四章动力机械，主要介绍了动力机械的类型、结构特点、使用及维护保养；第五章注浆测量设备与仪表，主要介绍了注浆测量设备的类型及安装使用；第六章锚固张拉与检测设备，主要介绍了锚固张拉与检测设备的类型、使用及维修保养；第七章钻孔工具，主要介绍了钻孔工具的类型、特点及使用；第八章钻孔管材，主要介绍了钻孔管材的分类及使用。

本书作为从事锚固与注浆现场施工的技术工人或施工人员培训用书，也可供岩土工程与地下工程设计施工的工程技术人员、设备管理人员、科研院所、大专院校有关专业人员参考。

图书在版编目（CIP）数据

锚固与注浆设备及机具/彭春雷主编；中国岩石力学与工程学会锚固与注浆分会编．—北京：中国电力出版社，2019.10（2021.7重印）

（锚固与注浆技能培训丛书）

ISBN 978-7-5198-3810-2

Ⅰ.①锚… Ⅱ.①彭…②中… Ⅲ.①岩土工程—锚固—工程设备②岩土工程—灌浆加固—工程设备 Ⅳ.①TU753.8

中国版本图书馆CIP数据核字（2019）第229284号

出版发行：中国电力出版社
地　　址：北京市东城区北京站西街19号（邮政编码100005）
网　　址：http://www.cepp.sgcc.com.cn
责任编辑：姜　萍（010-63412368）
责任校对：黄　蓓　朱丽芳
装帧设计：郝晓燕
责任印制：吴　迪

印　　刷：北京天宇星印刷厂
版　　次：2019年10月第一版
印　　次：2021年7月北京第二次印刷
开　　本：787毫米×1092毫米　16开本
印　　张：9.5
字　　数：164千字
印　　数：1501—2000册
定　　价：48.00元

丛书编辑委员会

本分册主编：彭春雷

参与编写人员：胡焕校　田新红　刘　军　贺茉莉
蔡黄河　刘　坪　黄晓倩　彭博文
席先权

本分册责任编写单位

湖南宏禹工程集团有限公司
中南大学地球科学与信息物理学院

本分册参加编写单位

中铁十六局集团有限公司
煤炭科学研究总院
中国水利水电科学研究院
中科院广州化灌工程有限公司
中国水电七局成都水电建设有限公司
中铁十六局集团北京轨道交通工程建设有限公司
四川共拓岩土科技股份有限公司
中国水利水电第八工程局有限公司基础公司

前　　言

《锚固与注浆技能培训丛书》由中国岩石力学与工程学会锚固与注浆分会组织编写。

丛书分为锚固与注浆基础知识、锚固与注浆设备及机具、钻孔施工技术、注浆施工技术、锚杆施工技术、锚索施工技术、喷射混凝土施工技术、高压喷射注浆施工技术、深层搅拌施工技术、地下洞室加固施工技术等多个分册。

本套丛书汇集了水利水电工程、隧道与地下工程、矿山开采工程、边坡工程、建筑与路桥工程、国防工程等工程领域有关锚固与注浆施工的现场操作应用技术内容，是一套系统的适合岩土工程多行业应用的实用型技能操作手册。

本套丛书主要供从事锚固与注浆现场施工的技术工人或施工人员培训使用，也可供岩土工程与地下工程设计施工的工程技术人员、设备管理人员、科研院所、大专院校有关专业人员参考。书中收录的相关技术以及材料、设备将随行业发展和技术进步更新变化，仅供参考。

本书是《锚固与注浆技能培训丛书　锚固与注浆设备及机具》分册。主要内容包括：第一章钻孔机械设备，主要介绍了钻孔机械设备的分类、用途、结构组成及维护保养；第二章注浆机械设备，主要介绍了注浆机械设备的分类、使用、结构组成及维护保养；第三章制浆机械设备，主要介绍了制浆机械设备的用途、结构组成及维护；第四章动力机械，主要介绍了动力机械的类型、结构特点、使用及维护保养；第五章注浆测量设备与仪表，主要介绍了注浆测量设备的类型及安装使用；第六章锚固张拉与检测设备，主要介绍了锚固张拉与检测设备的类型、使用及维修保养；第七章钻孔工具，主要介绍了钻孔工具的类型、特点及使用；第八章钻孔管材，主要介绍了钻孔管材的分类及使用。通过本书的学习，锚固与注浆现场施工的技术工人或施工人员能迅速了解锚固与注浆设备及机具的分类、结构、原理等知识，掌握使用、维护、保养等技能，达到快速上岗的目的。

本书参考了大量的书刊资料，在此一并向这些书刊资料的作者表示衷心感谢。限于编者水平，书中不足在所难免，恳请广大读者提出宝贵意见。

编者

2019 年 10 月

目　录

第一章　钻孔机械设备

第一节　钻孔机械设备概述

一、功能与分类

钻孔机械设备又称为钻机，是锚固与注浆成孔的必需设备，其基本功能是以机械动力带动钻机，以回转、冲击、震动或冲击回转等方式在地壳中钻凿成孔。钻机品种繁多，按用途和结构特点分类如图 1-1 所示。

- 钻机
  - 按用途
    - 矿产地质勘探用岩心钻机、石油天然气钻探用钻机、
    - 水文水井钻孔专用钻机、工程地质勘探钻机、
    - 地下巷道勘探用钻机、大口径钻孔桩施工用钻机、
    - 锚固施工专用钻机、轻型化学灌浆专用钻机、
    - 高压喷射灌浆钻喷一体钻机、快速抢险工程专用钻机
  - 按结构特点
    - 回转式
      - 立轴式：　全液压、油压给进；螺旋差动式给进、手把轮给进
      - 转盘式：　油压转盘式、钢绳加压转盘式
      - 动力头式：长油缸给进、油缸链条给进、马达链条给进
    - 冲击式：大功率振动、钢丝绳冲击
    - 冲击回转式

图 1-1　钻机的分类

二、钻孔机械设备选择的基本原则

选择钻孔设备时，首先应考虑工程地质条件、工程特性及工艺方法，其次是工程量和工期。一般工程量大、工期紧、难度大，应选择技术性能先进、施工效率高的设备，否则可选择一般常规设备。

钻孔设备选择原则：

(1) 钻孔设备必须与施工设计方案及工艺方法相适应，条件允许时，钻孔设备宜优先服务于设计及工艺要求；条件有限时，在确保工程安全与目的前提下，也可适当调整施工工艺及设计方案。

（2）根据工艺要求选定钻机后，配套用泥浆泵或空压机等配套设备及附属工具设备应根据钻机要求配备，以确保钻机性能得到充分发挥。

（3）应充分考虑工程地质条件及工程特性与钻机的功能相匹配，以便最大限度地发挥钻机的性能优势。

（4）选用设备应确保工程质量要求和施工安全。

（5）选用设备应满足场地与周边环境及文明施工要求。

（6）选用设备必须保证有可靠的配件供应能力及可维修性，以确保施工设备的正常运转。

第二节　立轴式钻机

一、立轴式钻机的主要特点

（1）立轴式钻机采用回转钻进，其回转器与给进系统在结构上紧密联系，构成一个部件；回转和给进运动通过立轴与卡盘传至钻具，转速高、调速范围大。

（2）回转器的变角范围大，导向性能好，适于钻进不同倾角的钻孔。

（3）立轴通孔直径小，升降钻具时，回转器必须让开孔口；其让开方式有后退式和开合式。

（4）回转器的锥齿轮传动比较小，自身不能拧卸钻具，需另配拧管机。

（5）结构紧凑，部件可分解，重量较轻。

二、立轴式钻机的组成及结构形式

1．机械传动系统

钻机机械传动系统包括回转器、变速箱、卷扬机及动力机架等，钻机结构示意图如图 1－2 所示。

（1）变速箱。变速箱主要由离合器、变速箱体、四根轴以及装在轴上的齿轮、变速手柄、离合手柄等组成。变速箱通过内部齿轮不同组合而使回转器和卷扬机获得不同的转速，以满足不同工作要求的需要。变速箱体外有四个操纵手柄，左边是离合器操纵手柄，当往下搬动手柄时离合器离开，变速箱停止工作，当往上搬动手柄时离合器合上，变速箱工作，中间的手柄 1 和手柄 2 是变速手柄，当这两个手柄置于不同位置时，可使立轴获得 58、130、268、415、598r/

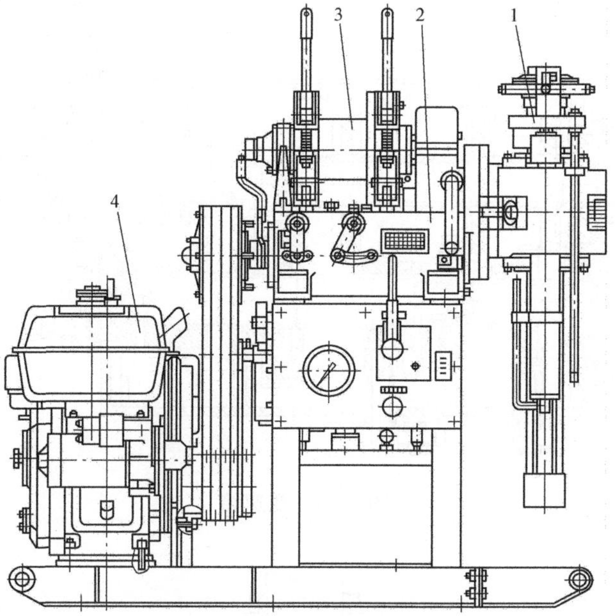

图 1-2 立轴式钻机结构

1—回转器；2—变速箱；3—卷扬机；4—动力机架

min 五档不同的转速，卷扬机获得 33、73、149、231、333r/min 五档不同的转速，还有一个空挡位置。右边的手柄是立轴离合手柄，当手柄打向左边时，立轴工作，当手柄打向右边时，立轴停止工作，当手柄停在中间位置时为空挡。操纵变速手柄和立轴离合手柄时，必须先搬动离合器操纵手柄使离合器处于离开状态，以免损坏变速箱内的齿轮。变速箱右后上角装有油标尺，每班开机前应检查变速箱的油面是否在两刻线之间，变速箱内冬天使用全损耗系统用油，L-AN46-GB443，夏天使用全损耗系统用油 L-AN68-CB443。变速箱整体用四个螺栓固定在钻机机架上，其结构示意图如图 1-3 所示。

离合器采用干式常闭离合器，用来接通和切断回转器或卷扬机的动力。当钻机超载时，摩擦片打滑便能起到过载保护作用，其结构示意图如图 1-4 所示。

(2) 卷扬机。卷扬机是钻机用于升降钻具，卷扬机采用行星齿轮减速机构，主要由卷筒、卷扬机轴、左、右支架、抱闸等组成。提升时，松开左边的制动抱闸，扳紧右边的提升抱闸手把，抱闸紧紧抱住行星齿轮支架，从而使行星齿轮变为过渡齿轮，动力通过行星盘轮机构中的太阳轮，行星齿轮传递给与卷筒固为一

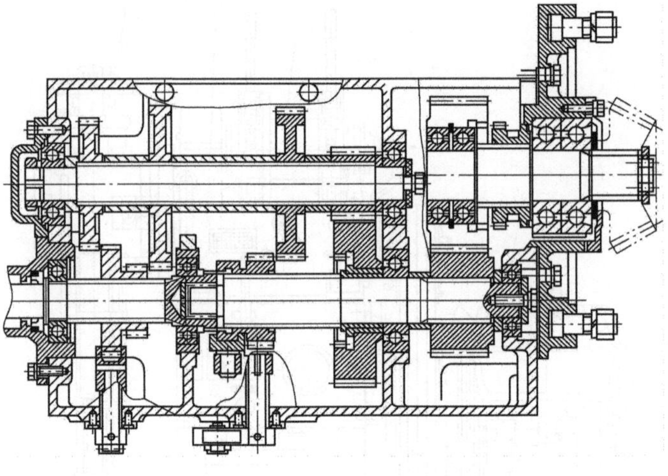

图 1-3　变速箱

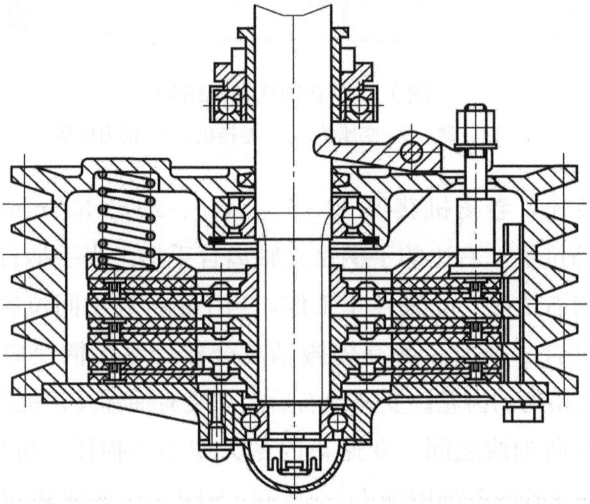

图 1-4　离合器

体的内齿圈，从而带动卷筒旋转达到提升的目的。制动时，则松开提升抱闸，扳紧左边的制动抱闸手把，抱闸紧紧抱住卷筒，行星齿轮支架则成为活动件，行星齿轮只在卷筒内齿圈作空载滚动。下降时，将两手把同时松开，靠钻具或滑车钩本身的质量自行下落，为了控制下落速度，必须适当地控制制动力抱闸的手把，以免速度太快造成事故。在操纵过程中，严禁同时抱紧两个手把，以免损伤机件或造成事故。当动力发生故障或停机时，可以用扳手转动卷扬机轴，提升钻具，但不允许用此法在处理事故中强行起拔，其结构示意图如图 1-5 所示。

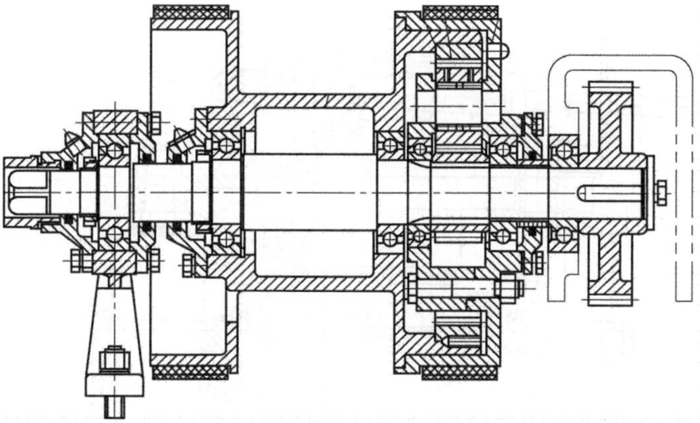

图 1-5　卷扬机

(3) 回转器和卡盘。回转器是用来回转钻具及钻具给进。回转器由立轴箱体、立轴、立轴套、大小伞齿轮、夹持环及两个油缸等主要零件组成，回转器动力由左端伸入变速箱体内的齿轮轴传入，经过大、小伞齿轮带动立轴套，使立轴产生回转，立轴可以在立轴套内作向上、下移动，它的移动是靠油缸实现给进和提升，其结构示意图如图 1-6 所示。卡盘为弹簧夹紧液压松开常楔面增力式卡盘。

(4) 给进机构。给进机构由液压油缸驱动，用以实现加、减压钻进和强力起拔处理孔内事故。

2. *液压传动系统*

液压传动系统是用来使钻机具有钻具称重、减压给进、加压给进、速度给进等功能。如图 1-7 所示，主要由油箱、油泵、操纵阀、单向节流阀、孔底压力计、三通阀油缸及各连接管路组成。油泵动力由柴油机与减速箱之间的联轴器上的一个单槽皮带轮传入，油泵通过滤油器自油箱吸油出的压力油经管道进入操纵阀，通过调节操纵阀中的溢流阀手轮可以调节系统的压力，从而控制孔底压力，使钻进工作得以正常进行，同时还可利用快速加压手把，使系统压力迅速升高，从而使给进油缸能快速升降。通过操纵阀中的换向操纵杆，可以控制给进油缸的进出油方向，使给进油缸能获得称重、上升、下降和停上等动作。在油缸的下腔和操纵阀之间，装有一个单向节流阀，它用来调节立轴下降的速度，由于该阀中设有单向阀，因此，它不影响立轴的快速提升。油缸上、下腔之间通过三通阀装有孔底压力指示计，利用孔底压力指示计，可以指示孔底压力。

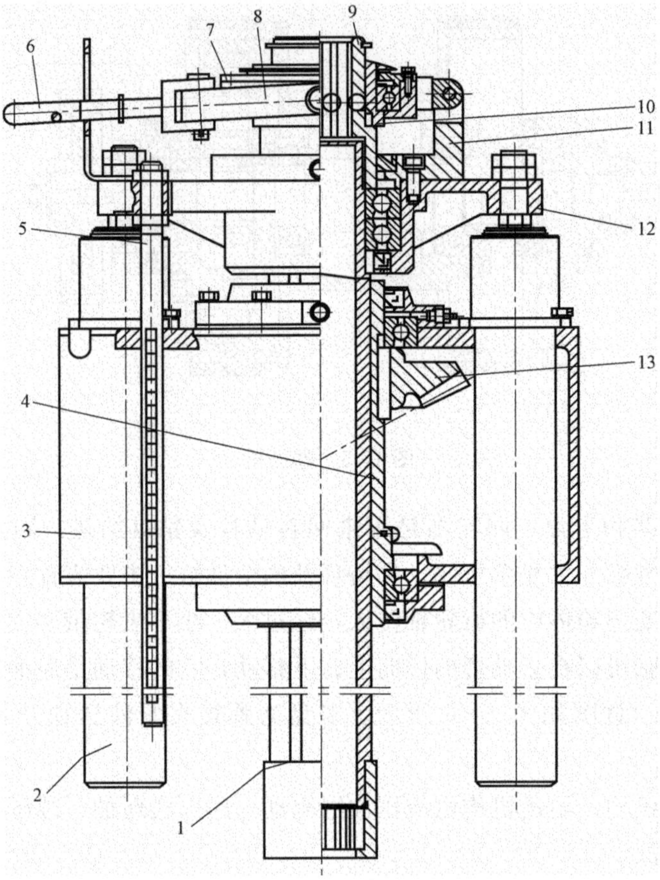

图 1-6　回转器

1—立轴；2—油缸；3—立轴箱体；4—立轴套；5—标尺杆；6—手柄；7—夹持外套；8—拨叉；9—顶套；10—夹持内套；11—压盖；12—横梁；13—大伞齿轮

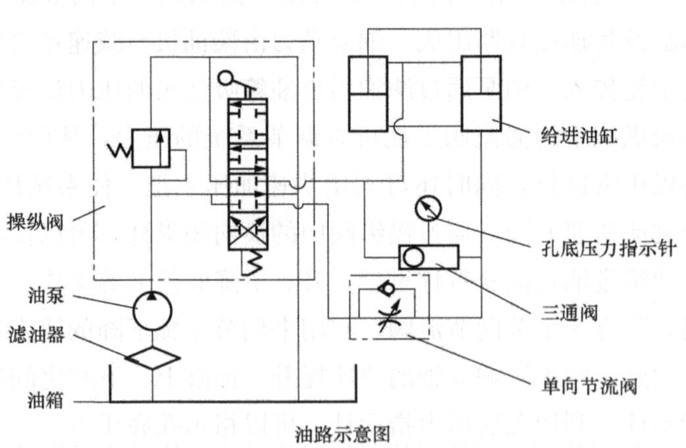

图 1-7　液压传动系统

油路的操纵方法如下：

（1）称钻具重量：钻进前应称钻具重量，以便根据岩层、孔内情况、钻进方法等因素决定的钻压大小来确定加压或减压值，称钻具重量应在下放钻具之后，回次开始之前并且是在钻具悬浮送水开车的动态下进行，首先操纵换向操纵杆使钻具提离孔底，然后开车送水并使钻具缓缓下行，这时将换向操纵杆搬向“称重”位置，由于钻具重时其作用使油缸下腔油压升高并使孔底压力指示计指针顺时针转动一定的角度，随之将盘上的“称重减压”刻度的0点转到与表针对齐，此时定盘原点红线所对应的动盘刻度值就是钻具重量。

（2）减压钻进：称重后，若钻具重量大于所需钻压时，应进行减压钻进。此时应使动盘仍处于原称重位置，并把换向操纵杆放在“提升”位置，再调整压阀，使孔底压力指示计表针指在动盘“减压、称重”刻度上所需的孔底压力数即可。

（3）加压钻进：称重后，若钻具重量小于所需钻压，即应进行加压钻进，此时应将孔底压力指示计动盘“加压”刻度上钻具重量对应的数值对准定盘上的原点红线，并把换向操纵杆放在“下降”位置，然后调整调压阀，使孔底压力指示计表针指在动盘“加压”刻度上所需的孔底压力数即可。

（4）速度给进：当在软硬不均、裂隙、溶洞等地层工作或扩孔作业时，可采用速度控制钻进，此时，应把换向操纵杆放在“下降”位置上，同时用速度调节阀和压力调节阀来调节给进和平衡力的大小，用控制钻进速度的方法来完成钻进工作。

三、立轴式钻机的种类

1. 深孔立轴式钻机（>300m）

深孔立轴式钻机的主要应用范围：

（1）各类矿山防治水帷幕注浆、竖井井筒帷幕注浆及其他超深帷幕注浆施工，特殊情况下深部洞室定向止水或回填注浆施工。

（2）特别重要的注浆工程中，大直径取芯钻孔施工。

（3）中、深孔大吨位锚固及较大直径桩锚钻孔施工。

2. 中深孔立轴式钻机（100～300m）

中深孔式立轴式钻机的主要应用范围如下：

（1）水利、水电、工民建、矿山、港口码头、路桥等各类基础处理注浆施工钻机。

（2）各类工程锚固与注浆工程前期勘察孔取芯钻孔。

（3）各类注浆工程检查孔取芯及水文试验，质量检测钻孔。

（4）边坡及基坑锚固工程施工钻孔。

（5）边坡及基坑锚固工程施工监测钻孔施工。

3. 浅孔钻机（30～100m，不含100m）

浅孔钻机的特点及主要应用范围如下：

（1）特点：浅孔钻机体积小、重量轻、拆装方便、机动性好，钻进效率高、启动方便、省时省力；功能多，具有回转、冲击、振动等功能，还可组合为回转加压、冲击振动等复合钻进，能满足各种钻进工艺的要求；结构紧凑、技术性能优越。

（2）主要应用范围：浅孔钻机主要应用于工程地质钻孔、浅层水文地质勘察及简易水井钻孔，静压采取原状土、物探、地震、爆破孔钻进，工业建设、民用高层建筑及公路、铁道、桥梁、水坝、国防建设等工程地质勘察、锚固与注浆成孔、小型建筑基桩浅孔钻进，石油、天然气、固体矿床、非金属矿查勘探钻孔。

四、钻机的维护保养

1. 开车前的检查和准备

（1）检查钻机安装是否正确平稳，各连接处是否可靠，操纵手把是否灵活可靠，各运动部件是否转动灵活。

（2）检查柴油机、变速箱、减速箱的油面是否达到标尺的刻线位置，液压油箱内的油是否加满，各润滑部位应加注润滑油或润滑脂。

（3）检查卷扬机上抱闸手操纵是否灵活，在制动或松开状态下松紧程度是否合适，并检查清除闸带、卷筒和支架各表面上的油渍，以免打滑。

（4）将摩擦离合器手把置于“断开”位置，再把变速手把放在一速位置，联动手把放在接通“立轴”位置。用人力转动立轴检查钻机各转动件是否灵活，有无阻力过大及异音，如有应消除之。

（5）调整水泵出水和分水闸门到合适位置，严禁同时关死，以免憋泵，并注意吸水管长度不要超过6m，吸水高度不要超过3m，止回阀不要紧靠池底以免堵塞。

（6）往水泵内及吸水管内注满清水。

（7）将钻机联动手把放于“立轴”位置水泵离合器手把放于“断开”位置，

操纵换向阀手把放在“停止”位置，调压阀手轮至低压位置。上述工作进行完毕后，开动动力待其运转正常后即可开动钻机及水泵进行工作。

（8）检查各主要零部件的完好情况，如有损坏应及时更换，不可带伤工作。

（9）检查所有外露螺栓、螺母、保险销钉等是否牢固可靠。

2. 运转中的操作与维护

（1）钻机不得在无人照管下运转。

（2）扳动变速箱手把或卷扬机联动手把时，必须先断开离合器待齿轮停止运转后再进行，以免将齿轮打坏，并注意将手把置于定位孔中。

（3）在开钻前，必须先将钻具提离孔底，再合上离合器，待运转正常后开始钻进。

（4）提升钻具时注意可先使用卷扬机将机上钻杆提离井口，并从专用变丝接头与机下钻杆连接的锁接头处卸开，然后让开回转器，再提升井下钻具。

（5）升降钻具时，必须注意钻具避免与钻机碰撞。

（6）卷扬机操作者不得在悬挂钻具的情况下离开制动手把，去处理其他工作或调整抱闸，以免抱闸自动松开，造成事故。

（7）水泵不得在超过规定压力下工作。

（8）水泵工作过程中如发现不出水时，应立即停泵检查原因。

（9）钻机在运转过程中，注意检查各部件轴承、变速箱及减速箱的温度，不得过热。减速箱允许在80℃以下（温差60℃），其他部件允许在60℃以下（温差40℃）工作。

（10）钻机在运转过程中，如发现有剧烈振动、尖叫、撞击等异音应立即停车检查原因。

（11）按润滑表的规定，定期加注或更换润滑油及润滑脂，油料质量必须符合要求。

3. 粉末冶金轴承（又称含油轴承）使用注意事项

钻机滑动轴承采用粉末冶金轴承的，使用时注意事项如下：

（1）需用锭子油清洗，忌用汽油或煤油清洗；

（2）装配时忌用锤直接捶打轴套，宜用心轴缓缓压入或垫木块轻轻击入；

（3）装配后轴套孔径缩小时，可用铰刀铰销，不得进行磨削，锉和刮（非滑动面不受限制）；

（4）若存放时间较长，安装前最好再浸一次油，即把轴套放在3号脱水锭子油中加热到110～120℃，保温2h后随油冷却，这样使用效果更好。

4. 油路系统的保养

（1）液压油的种类有 20 号、30 号机械油，汽轮机油，普通液压油，从中任选其一即可。

（2）换油周期要求，用机械油半年更换一次，用汽轮机油一年更换一次，用普通液压油一年半更换一次。

（3）换油时，应将旧油放干净，并清洗油箱及滤油器，然后从加油口通过加油滤网加入新油。

（4）过滤器。在油箱上加油口的盖上有一个空气滤清器，其中的泡沫塑料应每季度取出清洗一次，若钻机工作环境灰沙较大时，应缩短清洗时间。

（5）在油箱中油泵汲油口处有一个吸油过滤器，它是为保护油泵用的，亦应每季度清洗一次，若发现油泵有吸油不足的现象时应提前清洗。

5. 机组的润滑

为了延长机组的使用寿命，减少磨损，对所有发生摩擦的机件均应及时地进行润滑。润滑不良和不足会引起零件迅速磨损。润滑油在使用之前应仔细地过滤以便清除杂质。

6. 注意事项

（1）钻机停放时，所有开关都应处于“0 位”并切断电源。

（2）钻机开始作业前，正、副司机应联系好，方可启动设备。

（3）夜间作业时，钻机周围应保证足够的照明。

（4）钻机在钻凿大角度的倾斜孔时，摆臂及其滑架下不准有他人停留，作业人员应戴安全帽。

（5）钻机移动时，应把钻具提起到一定高度，并注意钻杆是否有脱落的方向，如有应立即停车并采取措施，同时还应注意电缆、风管、油管是否处在合适的位置上，以免发生事故。

（6）钻机的前进与后退，钻具的正转与反转，都必须保证钻机、周围设备及人员的安全。

（7）钻机应由用户配置常用的维修工具。

（8）停机：钻孔完毕，推动推进阀，使钻具做短距离的上下提位，以吹净孔底的岩粉和积水。然后停止回转，再将钻具放到孔底冲击一两分钟，使钻杆螺纹震松，然后停水、提钻。在岩石层破碎孔壁不稳定情况不，为了防止卡钻，提钻时不得停止回转和送水。

（9）若钻机长期不使用，应清理干净并上油后用塑膜（袋）包装工作台，以便立柱保持干净，不锈。

（10）每台机器都必须配置单独控制漏电断路器，保证机器正常使用和人身安全。

7. 钻机的安装与拆卸

（1）拆卸油管时将接头用洁净口袋包扎好，以防泥土灰尘等杂质进入油管，连接管路时应将油管接头、快速接头清洗干净，方可连接。

（2）电动机转向一定要与油泵转向一致，否则会损坏油泵。钻机在回转控制时要注意防止因电动机电源缺相而烧毁电机。

（3）在钻进过程中，因憋钻、电源缺相等原因造成电动机停转，应及时将倒顺开关手柄返回停止位置。故障时间不要超过5s，否则会烧毁电机。

（4）长距离的搬迁，应将桅杆放平放稳，并用撑杆拉紧。油管要盘绕整齐，外露的接头用布包严，以免脏物进入。油箱与操纵台用绳与机架捆扎牢固。

（5）短距离运输中，可整机平移也可以将整机拆为桅杆、机架、泵站、动力头四部分，以便于搬运。各插接件、销轴，应注意保存，以免丢失。

（6）在起重、装卸、运输过程中，应注意保护操纵手柄、手轮、桅杆导轨面、滤油器等部件。做到轻拿轻放，外露的接头应注意保护，用布包扎。

（7）在搬运过程中，决不允许顺坡道滚放，也不能从水中通过。

（8）钻机使用完毕后，要及时清洗、检修保养，导轨面涂上防锈油，立轴涂上润滑脂，所有外露部分及接头均涂润滑脂。

8. 常见故障的排除

常见故障的排除见表1-1。

表1-1　常见故障的排除

序号	故障现象	故障原因	排除方法
1	离合器发热，打滑	摩擦片过度磨损或碎裂	更换摩擦片
		离合器弹簧断裂或失效	更换弹簧
2	离合器带车	离合器脱不开	重新调整
3	卷扬机抱闸打滑	抱闸调整间隙不当	适当调整
		制带上有油污	清洗抱闸内表面
4	液压卡盘工作时打滑	卡瓦和主动钻杆过度磨损	更换卡瓦合金片或主动钻杆
		碟形弹簧失效或断裂	更换碟簧
5	液压卡盘松不开	系统压力不足	提高卡盘油路压力至10MPa

续表

序号	故障现象	故障原因	排除方法
6	立轴与导管卡死或过度磨损	立轴与导管之间进入污物	清除污物
		立轴与导管间润滑不好	加注润滑脂
7	液压系统压力不足	油泵过度磨损或损坏	修理或更换油泵
		油路溢流阀弹簧松动	对溢流阀调整
		执行机构漏油或管路漏油	检查并消除漏油
8	油泵启动后不上油	油箱无油，油泵吸空	加油
		吸油滤油器堵塞	清洗滤油器
9	油泵发热	液压油黏度过高	换油
		油泵磨损	修理或更换油泵
		油泵传动装置与油泵装配不良	提高装配质量
10	液压系统油温过高	高压下使用时间过长	间歇使用
		油泵损坏	修理或更换油泵
		油箱存油太少	加油
11	钻机移车有振动	进退油缸内有空气	多移动几次，排出空气
		导轨上有污物	擦洗干净，加油润滑

第三节　全液压动力头钻机

一、主要特点及适用范围

1. 主要特点

（1）给进行程长，钻进过程平稳，无级调速，能机上加杆，利于保护孔壁，施工效率高，质量好。

（2）钻塔折叠、液压起落、主副卷扬、夹持器等部件集中在整机上，布局合理，结构紧凑。

（3）履带行走系统方便了设备移动，大大降低了钻机的搬迁、安装时间和成本。

（4）钻机操作简单，仪表集中、齐全，便于实时观察设备运行以及判断孔内情况。

（5）钻机设计回转器通孔直径较大，有利于以金刚石钻进为主的多种钻探工艺对转速的选择。

（6）斜孔施工更加方便。

（7）在松散覆盖层钻进中，可进行跟管护壁钻进。

2. 适用范围

全液压动力头钻机，主要应用于铁路和公路及桥梁、地下隧洞、矿井、港口码头及建筑基坑等工程锚固与注浆钻孔施工中。

二、组成及结构形式

1. 组成

全液压动力头钻机是指钻机的回转器是移动式的（俗称动力头，指回转器可以在给进机构的带动下沿桅杆导轨移动），并且钻机的各种动作，如回转、给进、夹持钻杆等机构，均采用液压元件驱动。其组成如图 1-8 所示。

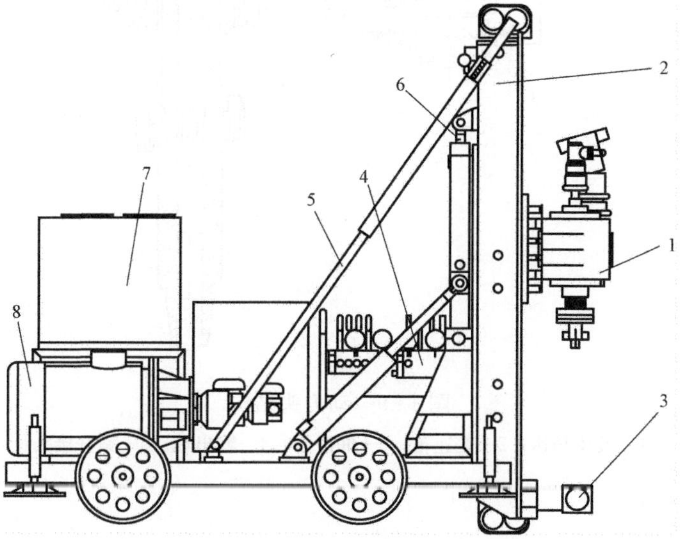

图 1-8　全液压动力头钻机组成

1—动力头；2—给进机构及桅杆；3—孔口夹持器；4—操纵台；5—辅助撑杆；6—滑移油缸；7—液压油箱；8—动力装置

动力头是钻机的主要部件，用于驱动钻杆转动，为孔底钻具提供回转扭矩，并传递给进与提升力，分为通孔式与非通孔式两种。主要由液压马达、变速箱、主轴、液压卡盘或输出轴等零件组成，如图 1-9 所示。

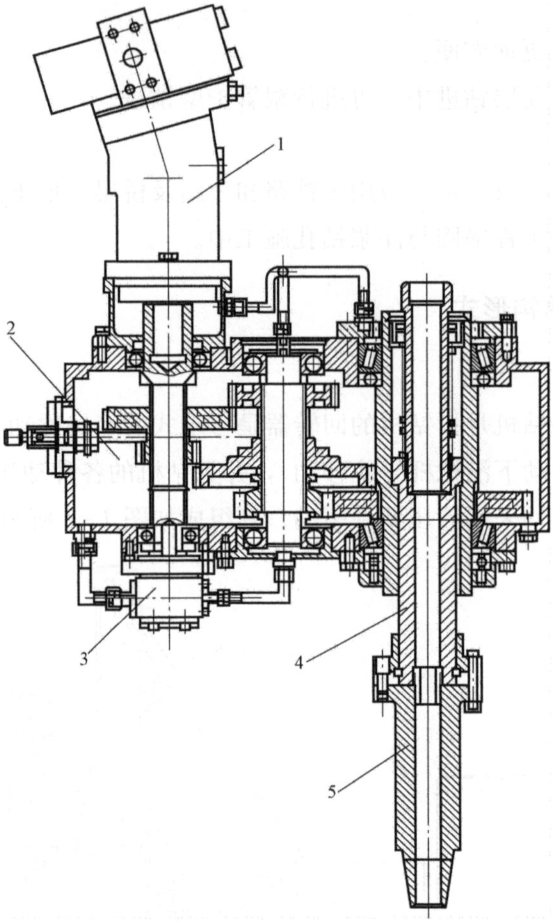

图 1-9 动力头结构

1—液压马达；2—变速箱；3—润滑泵；4—输出轴；5—钻杆接头

2. 结构形式

全液压动力头式钻机的结构形式分为散装式与整体式两种。

散装式是将钻机分为泵站、主机、操纵台等几大部件，通过液压胶管连接，具有布局灵活、搬迁方便等特点。

整体式又可分为拖挂式与履带式。拖挂式底盘由底架、支腿、轮胎等组成，钻机的组成部件均固定在底架上，在工作时通过支腿油缸对钻机进行调平与固定，在移动时由牵引车拖动底架利用轮胎轻松移动。履带式底盘由平台、支腿、履带总成等组成。钻机的组成部件均固定在平台上，在工作时通过支腿油缸对钻机进行调平与固定；通过自身动力由液压马达驱动履带行走完成移动。

全液压动力头钻机在使用中应注意以下事项：

（1）全液压钻机的液压元件对液压油的清洁度要求很高，要注意保持液压油的清洁。

（2）全液压钻机的液压管路的渗漏油会直接影响钻机的性能或造成环境污染，要注意对管路的维护。

（3）液压系统具有很高的压力，在维修系统时必须先进行泄压处理，防止压力油伤人。

三、常见故障的排除

常见故障及排除方法见表1-2。

表1-2　　常见故障与排除方法

故障现象	故障原因	排除方法
油泵不排油（仍照常运转，此时必须立即停止运转）	电动机转向不对	调换转向
	油箱内油面过低	加油
	吸油滤网阻塞	清洗吸油滤网
	黏度过高	换用低黏度油或预热
	内部机件磨损或损坏	更换或修理内部零件
油泵排量不足，噪声大	油箱吸油滤网阻塞	清洗吸油滤网
	黏度过高	换用低黏度油或预热
	过滤器阻塞	拆洗空气过滤器
	吸油管道漏气	查明漏气处，加以紧固
	内部零件损坏或磨损过度	检修或更换新泵
油温过高	油箱中液位太低，油液循环太快	加油到油面指示位置
	油质变坏，阻力过大	换新油
系统压力升不上去	上述原因油泵不排油或排量不足	按上述方法排除
	调压阀开启压力太低	调整开启压力或检修
	操纵手柄位置不当，内部串泄	调整手柄位置
	系统有泄漏	对系统顺序检查排除泄漏
	油泵内泄漏过大	检修油泵

续表

故障现象	故障原因	排除方法
油管憋破	调压阀失灵	检修调压阀
	油管接错或阻塞	检查油管纠正错接或排除阻塞物
不能给进或升降	给进压力太小	加大给进压力
	拖板与导轨卡死	调节拖轨两侧及底侧螺钉
	油泵不上油或无压力	按上述方法排除
	给进油缸磨损严重，内泄过大	检修给进油缸
	背压过高	检查回油管路及滤油器，降低背压

第四节　气动潜孔锤钻机

一、主要特点及适用范围

1. 主要特点

（1）气动潜孔锤钻进因单次冲击功大，排渣风速高，孔底干净，无二次破碎。在无液柱压力，无地下水的情况下大大改善了孔底条件，使得钻进效率大为提高。

（2）潜孔锤的柱齿或球齿硬质合金钻头，在坚硬破碎岩石中使用，既有利于破岩，又具有比金刚石钻头寿命高的特性，大大降低了钻头成本。

（3）因钻具转速低，钻具对孔壁的碰撞机会较少，而且这种钻进方式是以高频对孔底冲击，减少了在岩石或倾斜地层产生孔斜的影响，在采用导向钻具的条件下，可有效保证钻孔的垂直度，同时，也可减少孔壁坍塌。

（4）比起回转钻进，潜孔锤钻进所需的钻压和扭矩要小得多。这样可减轻钻机的设备质量和能力，为大口径硬岩钻进，边坡抗滑加固锚杆孔钻进创造了有利条件。

（5）风动潜孔锤钻进采用的无循环干式作业，空气既作为动力又作为排渣介质，在采用孔口集尘设备时，可有效保证不污染环境。

（6）风动潜孔锤钻机工作时单次冲击功在瞬间即可产生极大作用力，因而它可应用于软层冲击挤密不排土钻进，也可用于非开挖铺管的夯管技术。

(7) 采用气动潜孔钻机冲击套管跟进护壁钻孔工艺，可有效解决松散层不易成孔的技术难题。

2. 适用范围

气动潜孔锤钻机广泛用于地质灾害防治中的滑坡及危岩体锚固工程，控制建筑物位移等高边坡岩体锚固工程，城市深基坑支护及地基加固工程，水利水电、公路、铁路等工程的锚固与灌浆钻孔施工。

二、组成及结构形式

气动潜孔锤钻机主要由动力系统、操作系统、动力头、桅杆、底座或履带式行走系统等组成，其具体结构如图 1-10 所示。

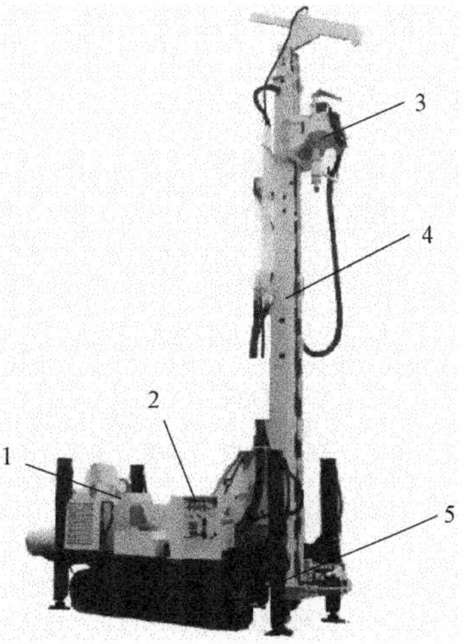

图 1-10　反循环多功能钻机

1—动力系统；2—操作系统；3—动力头；4—桅杆；5—履带式行走底座

第五节　坑　道　钻　机

坑道钻机主要用于矿井内部，供探水、抽放瓦斯、防尘注水及各种工程用孔与地面钻地质钻探孔，也可用于地面勘探。主要是用硬质合金金刚石复合片钻头回转钻进，同时也配套不同直径的钻头，适应不同的钻探要求。其外形如图 1-11 所示。

图 1-11　坑道钻机

坑道钻机技术参数见表1-3。

表1-3　　坑道钻机技术参数

型号	ZLJ-350	ZLJ-650
立轴额定输出转矩（N·m）	350	650
使用钻杆（mm）	ϕ42	ϕ42
钻孔深度　ϕ42钻杆（m）	100	200
钻孔直径（mm）	ϕ56～ϕ108	ϕ56～ϕ108
立轴行程（mm）	400	400
额定起拔力（kN）	27	34
额定推动力（kN）	20	23
主轴倾斜角度（°）	0～360	0～360
绞车提升能力（kN）	10	14
卷筒容绳量（m）	30	40
使用钢丝绳直径（mm）	ϕ8	ϕ11
邮箱有效容积（L）	40	43
质量（kg）	500	650
外形尺寸（mm）	1150×650×1150	1297×650×1230

第六节　专用锚杆钻机

一、凿岩机

手持式凿岩机是用压缩空气做动力的金属加工工具，用于钻孔，俗称手风钻。

1. 特点

质量较小，一般在25kg以下，工作时用手扶着操作。可以打各种小直径和较浅的炮孔。一般只打向下的孔和近于水平的孔。由于它靠人力操作，劳动强度大，冲击能和扭矩较小，凿岩速度慢，现在地下矿山很少用它。属于此类的凿岩机有Y3、Y26等型号。

2. 适用范围

手持式凿岩机产品适用于矿山开采和施工作业一应用范围包括建筑拆除作业、地质勘探钻孔和地基工程，以及水泥路面、柏油路面的各种劈裂、破碎、捣实、铲凿以及消防救援等功能，更适用于各种矿山的钻孔、劈裂、爆破，开采。并以性能好，效率高，质量小，使用方便等优点倍受广大操作工的青睐。

手持式凿岩机外形如图 1-12、图 1-13 所示。

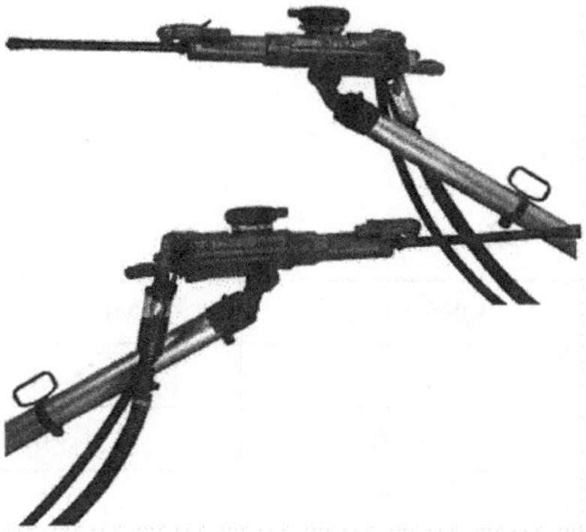

图 1-12　凿岩机

图 1-13　凿岩机

二、气动锚杆钻机

气动锚杆钻机以压缩空气为动力，动力单一、体积小、质量小、搬运方便、操作简单、维护方便，齿轮式气动马达运转稳定、可靠性高、安全防爆、使用寿命长，在矿上领域应用广泛。缺点是噪声大。

(一) 手持式气动锚杆钻机

1. 组成

手持式气动锚杆钻机由气动马达、减速箱、水控制扳把、气动马达控制扳把、扶机把、消音器等组成。外形如图 1-14 所示。

2. 工作原理

操作者双手握住扶机把，开启气动马达控制阀，压缩空气经过滤器、注油器、滤网由进气口进入气动马达，驱动气动马达旋转经齿轮、链轮减速后，驱动输出轴带动钻杆、钻头旋转切削钻孔或搅拌锚固剂、安装锚杆；打开水阀控制阀，冲洗水经钻杆、钻头冲洗钻孔、冷却钻头。钻孔时的切削推力由操作者两臂推力提供。

图 1-14　手持气动锚杆钻机

3. 特点

体积小，质量小，结构紧凑，操作简单，维护方便；齿轮式气动马达运转稳定，可靠性高；集钻孔、搅拌、安装锚杆于一身，角度可任意调整。广泛适用于煤层及软岩中锚杆孔的施工。

4. 主要技术参数

手持式气动锚杆钻机主要技术参数见表 1-4。

表 1-4 主要技术参数

型号	ZQS-55/2.5S	ZQS-50/2.3S	MQS35/1.6
使用岩石硬度	$f \leqslant 6$	$f \leqslant 6$	$f \leqslant 6$
工作气压（MPa）	0.4～0.6	0.4～0.6	0.4～0.63
额定气压（MPa）	0.5	0.5	0.5
额定转速（r/min）	450	310	440
额定转矩（N·m）	55	50	35
最大输出功率（kW）	1.6	1.6	
失速转矩（N·m）	62	62	55
空载转（r/min）	≥1400	≥1200	≥1000
负荷耗气量（m^3/min）	3.0	3.0	4.0
冲洗水压力（MPa）	0.6～1.2	0.6～1.2	0.6～1.2
噪声（dB）	≤95	≤95	≤95
整机质量（kg）	11	11	13.5

5. 常见故障及排除方法

手持式气动锚杆钻机常见故障及排除方法见表 1-5。

表 1-5 常见故障及排除方法

故障现象	故障原因	排除办法
马达转速太慢	（1）气压低； （2）进气管路有异物阻塞	（1）查看气压表，气压应为 0.4～0.63MPa； （2）吹净进气管路，清理过滤器和滤网
钻孔速度降低	（1）气压低； （2）使用了不合适的钻头； （3）钻头磨损； （4）岩质坚硬； （5）水压低	（1）检查气压，应达到要求； （2）使用合适的钻头； （3）更换钻头； （4）降低转速，加大气腿推力； （5）检查水压应为 0.6～1.2MPa，并检查水路有否堵塞

续表

故障现象	故障原因	排除办法
钻孔时钻机过分摇摆	(1) 钻杆变形不直； (2) 钎套磨损	(1) 应配用合格的钻杆； (2) 检查钎套是否磨损，已磨损，需更换钎套
钻孔时，手把上感到反扭矩较大	(1) 气压高，水压低； (2) 钻头损坏； (3) 操作时，突然加大了推力	(1) 检查气压、水压，其值应正常； (2) 检查并更换损坏的钻头； (3) 应改进操作方法，平稳作业
不能将锚杆顶推和安装到位	(1) 气压低； (2) 钻机偏离锚杆孔； (3) 使用了不合适的树脂药卷； (4) 使用了不直的锚杆	(1) 检查气压，其值应达到要求； (2) 将锚杆机对准锚杆孔； (3) 检查药卷是否符合要求； (4) 应换用直线度合格的锚杆

（二）支腿式气动钻机

1. 组成

支腿式气动锚杆钻机主要由气马达、传动箱、操纵机构和气动支腿等组成。与手持式钻机相比，支腿式气动锚杆钻机扭矩比较大，部分推力由支腿承担，工人劳动强度较低。支腿式气动锚杆钻机外形如图 1-15 所示。

2. 工作原理

支腿式气动锚杆钻机的工作原理为：开启气动马达控制阀，压气经空气过波器、注油器、滤网进入气动马达，驱动气动马达经齿轮减速后带动输出轴、钻杆、钻头旋转切削钻孔；开启支腿控制阀，控制支腿动作，根据钻孔及安装锚杆的要求，实现支腿升、停、降。

图 1-15　支腿式气动锚杆钻机

3. 特点

这种钻机体积较小，质量较小，操作简单方便；运转平稳、可靠性高。广泛适用于 $f \leqslant 8$ 的岩体的钻孔。

4. 主要技术参数

支腿式气动锚杆钻机主要技术参数见表 1-6。

表 1-6　　主要技术参数

型号	MQT-85-2.2J	MQT-120-2.5J	MQT-130-2.8J
工作气压（MPa）	0.4～0.63	0.4～0.63	0.4～0.63
额定气压（MPa）	0.5	0.5	0.5
空载转速（r/min）	≥600	≥650	≥500
额定转速（r/min）	240	200	210
额定转矩（N·m）	≥85	≥120	≥130
失速转矩（N·m）	≥190	≥260	≥300
推进力（kN）	9.5	9.5	9.5
负荷耗气量（m^3/min）	2.3～3.6	2.9～3.8	3.4～4.4
冲洗水压力（MPa）	0.6～1.2	0.6～1.2	0.6～1.2
噪声（dB）	≤95	≤92	≤92
钎尾六方尺寸（mm）	19～22	19～22	19～22
整机质量（kg）	46、48、50	48、50、52	52、54、57
锚杆系列规格	A（31）	B（32）	C（33）
整机收缩高度（mm）	1140	1290	1440
整机伸长高度（mm）	2460	3050	3660

5. 常见故障及处理方法

支腿式气动锚杆钻机常见故障及排除方法见表 1-7。

表 1-7　　常见故障及排除方法

故障现象	故障原因	排除办法
马达转速太慢	(1) 气压低； (2) 进气管路有异物阻塞	(1) 查看气压表，气压应为 0.4～0.63MPa； (2) 吹净进气管路，清理过滤器和滤网
气腿下降太慢	(1) 缺少润滑； (2) 气腿损坏或被卡； (3) 放气阀损坏	(1) 检查油器有否润滑油，并检查油量调节情况； (2) 检查气腿是否损坏，若是损坏，则上井维修； (3) 检查快速放气阀是否堵塞，应使排气畅通
钻孔速度降低	(1) 气压低； (2) 使用了不合适的钻头； (3) 钻头磨损； (4) 岩质坚硬； (5) 水压低	(1) 检查气压，应达到要求； (2) 使用合适的钻头； (3) 更换钻头； (4) 降低转速，加大气腿推力； (5) 检查水压应为 0.6～1.2MPa，并检查水路有否堵塞

续表

故障现象	故障原因	排除办法
钻孔时钻机过分摇摆	（1）钻杆变形不直； （2）钎套磨损； （3）气腿磨损	（1）应配用合格的钻杆； （2）检查钎套是否磨损，已磨损，需更换钎套； （3）修理气腿，更换磨损零件
气腿推力小	（1）气路不畅； （2）放气阀泄漏； （3）气腿密封圈损坏	（1）检查气腿进气气路，确保气路畅通； （2）检查放气阀阀芯密封面是否损坏，应修复或更换零件； （3）检查气腿密封圈是否磨损，更换磨损零件
操纵摇臂漏水	水阀密封圈损坏	更换水阀密封圈
钻孔时，手把上感到反扭矩较大	（1）气压高，水压低； （2）钻头损坏； （3）操作时突然加大推力	（1）检查气压、水压，其值应正常； （2）检查并更换损坏的钻头； （3）应改进操作方法，平稳作业
不能将锚杆顶推和安装到位	（1）气压低； （2）气腿推力小； （3）钻机偏离锚杆孔； （4）使用了不合适的树脂药卷； （5）使用了不直的锚杆	（1）检查气压，其值应达到要求； （2）检查气腿和放气阀的密封圈； （3）将锚杆机对准锚杆孔； （4）检查药卷是否符合要求； （5）应换用直线度合格的锚杆

（三）架柱式气动钻机

1. 组成

架柱式气动锚杆钻机由主机与支架组合而成，配有简单的操作台及滤油器、消音器，主机固定在支架上。架柱式气动锚杆钻机外形如图 1-16 所示。

2. 工作原理

与支腿式气动锚杆钻机相同。

3. 特点

该机结构为手动液压顶紧，气动马达啮合齿条驱动回转器进给和后退，主机回转器可实现正、反双向旋转，从而实现塌孔状态时，钻杆顺利退出。该钻机具有轻便、安全、移动方便、维修简单等特点，从而大大降低了工人的劳动强度。同时各部分还可进一步解体，为搬

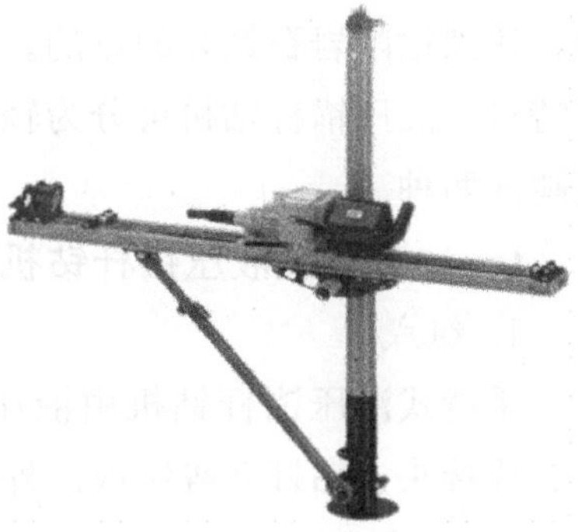

图 1-16　架柱式气动锚杆钻机

运提供进一步的方便。适用于岩石硬度 $f\leqslant14$ 的各种煤层、岩层（钻机具体型号不同适用最大岩石硬度有所不同）。

4. 主要技术参数

架柱式气动锚杆钻机主要技术参数见表 1-8。

表 1-8　　主要技术参数

型号	ZQJC-400/7.5S	ZQJC-360/9.0S	ZQJC-360/7.1
工作气压（MPa）	0.4—0.63	0.4—0.63	0.4—0.63
额定转速（r/min）	180	240	190
额定转矩（N·m）	400	360	360
最大输出功率（kW）	7.5	9.0	7.1
失速转矩（N·m）	610	520	530
空载转（r/min）	380	470	420
负荷耗气量（m^3/min）	10	9.5	9
冲洗水压力（MPa）	0.6～1.2	0.6～1.2	0.6～1.2
噪声（dB）	≤110	≤115	≤110
导轨长度（mm）	1925	1925	2010
推进行程（mm）	1355	1355	1310
整机质量（kg）	70	60	46

5. 常见故障及处理方法

与支腿式气动锚杆钻机相同。

三、液压锚杆钻机

液压锚杆钻机是以液压作动力，采用液压油缸推进，液压马达带动钻头旋转，达到钻削岩石钻孔的目的。具有转矩大、噪声小、操作灵活方便、性能可靠等特点。液压锚杆钻机可分为轻型手持式和单体式，单体式又可以分为导轨式和支腿式两种。

（一）手持式液压锚杆钻机

1. 组成

手持式液压锚杆钻机由液压马达、液压马达控制手把、水控制手把、扶机把、连接头、钻杆套等组成。外形如图 1-17 所示。

2. 工作原理

操纵液压马达控制手把，泵站输出的压力油进入液压马达驱动马达旋转，马

图 1-17 手持式液压锚杆钻机

达输出的转矩通过连接头、钻杆套驱动钻杆、钻头旋转切削煤岩；操纵水控制手把，水进入水室经钻杆、钻头冲洗钻孔和冷却钻头。

3. 特点

输出扭矩较大，结构简单，质量小，使用可靠；与支腿式液压钻机共用一套泵站，实现了掘进设备的动力单一化。一般适用于岩石硬度 $f \leqslant 4$ 的围岩条件中。

4. 主要技术参数

手持式液压钻机主要技术参数见表 1-9。

表 1-9　　主要技术参数

型号		MYS65/450	MYS80/380
钻机参数	额定压力（MPa）	8	10
	额定转矩（N·m）	65	80
	额定转速（r/min）	450	380
	额定流量（L/min）	40	—
	冲洗水压力（MPa）	0.2～1.5	0.6～1.2
	噪声/dB	≤92	≤90
	整体质量（kg）	15	14.5
泵站参数	额定压力（MPa）	8	11
	额定流量（L/min）	40	46
	电动机功率（kW）	15	11/15
	电动机电压（V）	380/660	380/660
	泵站质量（kg）	365	287

（二）支腿式液压锚杆钻机

1. 组成

支腿式液压钻机主要由操纵机构、切削机构、液压支腿、液压泵站组成。切削机构由摆线液压马达、供水装置、连接套等组成。外形如图 1-18 所示。

2. 工作原理

钻孔原理同手持式液压锚杆钻机。液压支腿由单级或双级油缸组成，主要作用是钻锚杆孔时起到调节钻孔高度、支撑切削结构，辅助推进的作用。操纵结构由组合式换向阀、操纵架、左右操纵手把组成。左手把控制液压支腿的升降，右手把控制液压马达的旋转。通过操纵架将操纵机构与切削机构连成一体。泵站主要由防爆电机、双联齿轮泵、油箱、安全阀及辅件组成。双联泵输出的压力油一路供液压支腿，一路供液压马达。锚杆钻机与液压顶板钻机一般合用一台泵站。泵站输出的压力油通过高压软管送至助剂操纵组合控制阀，控制切削机构的旋转和支腿的升降，完成锚杆的钻装作业。

图 1-18　支腿式液压锚杆钻机

3. 特点

支腿式液压锚杆钻机主机结构简单，操纵使用方便，扭矩大，钻孔速度快，能实现锚杆的钻装一体。适用于岩石硬度 $f\leqslant 8$ 的围岩条件中。

4. 主要技术参数

支腿式液压锚杆钻机主要技术参数见表 1-10。

表 1-10　　主要技术参数

型号		MYT-155					MYT-130				
钻机参数	额定压力（MPa）	12					12				
	额定转速（r/min）	280					320				
	额定转矩（N·m）	155					130				
	推进力（kN）	一级：10；二级：5～6					一级：10；二级：5～6				
	空速度推进力（m/min）	4					4				
	返回速度（m/min）	15					15				
	推进行程（mm）	1150	1450	1650	1850	2050	1150	1450	1650	1850	2050
	钻机最大高度（mm）	2200	2650	2950	3250	3550	2200	2650	2950	3250	3550
	钻机最小高度（mm）	1050	1200	1300	1400	1500	1050	1200	1300	1400	1500
	机重（kg）	42	47	52	57	62	42	47	52	57	62
泵站参数	钻孔直径（mm）	27～42					27～42				
	额定压力（MPa）	13					12				
	额定流量（L/min）	（43+8）×2					（43+8）×2				
	电动机额定功率（kW）	11（15）					11（15）				
	电动机额定电压（V）	380/660					380/660				
	油箱有效容积（L）	100					100				
	外形尺寸（mm）	1650×500×700					1650×500×700				
	机重（kg）	290					290				

5. 常见故障及排除方法

支腿式液压锚杆钻机常见故障及排除方法见表1-11。

表1-11　　常见故障及排除方法

故障现象	故障原因	排除方法
系统压力低	(1) 油箱液面低； (2) 齿轮油泵损坏； (3) 主机马达泄漏大； (4) 溢流阀损坏	(1) 将泵站放平，液压油加至油标的中上部； (2) 更换油泵； (3) 更换液压马达； (4) 清洗溢流阀
泵站噪音大	(1) 油箱液面低； (2) 吸油过滤器堵塞； (3) 吸油管漏气	(1) 将泵站放平，液压油加至标的中上部； (2) 清洗或更换滤油器； (3) 紧固螺钉
油温偏高	(1) 油箱液位低； (2) 齿轮油泵泄漏大； (3) 主机发动机泄漏大； (4) 进、回油管通径小	(1) 将泵站放平，液压油加至标的中上部； (2) 更换油泵； (3) 更换液压马达； (4) 更换大通径的油管
空载压力高	(1) 液压油黏度大或油温太低； (2) 进、回油管通径小； (3) 控制手柄不在零位	(1) 更换低黏度的液压油； (2) 更换大通径的油管； (3) 使所有控制阀柱回位
主机扭矩小	(1) 系统压力低； (2) 液压油黏度太低； (3) 控制阀柱行程小	(1) 同系统压力低处理； (2) 更换黏度合适的液压油； (3) 调节相应推杆上调节螺钉的长度
马达不转	(1) 系统不供油； (2) 马达转子卡死	(1) 更正转向、加油机清洗溢流阀； (2) 修复被研伤的零件或鞴换新电动机
支腿推力小（支腿式钻机）	(1) 主机上支腿控制溢流阀的主阀节流孔堵塞或研伤卡死； (2) 支腿油缸的活塞密封圈损坏； (3) 支腿控制手柄转角小，阀柱不到位	(1) 清洗或更换； (2) 更换密封阀； (3) 调整手柄转角到位
冲洗水量小	(1) 供水压力低； (2) 管路堵塞； (3) 水阀控制杆行程小	(1) 调整水压； (2) 清洗； (3) 调整压板距离水阀的高度

（三）架柱式液压回转钻机

1. 组成

由主机、架柱、泵站和液压推进装置四部分组成，能够分别与螺旋钻杆、地质钻杆、麻花钻杆和六方钻杆方便连接，用于煤巷掘进和开采过程中钻抽放瓦斯孔和探水探瓦斯孔。由于架柱具有方位调节功能，与麻花钻杆和六方钻杆连接后，可用于巷道锚杆支护时在顶板、底板和侧帮上钻锚杆孔。外形如图 1-19 所示。

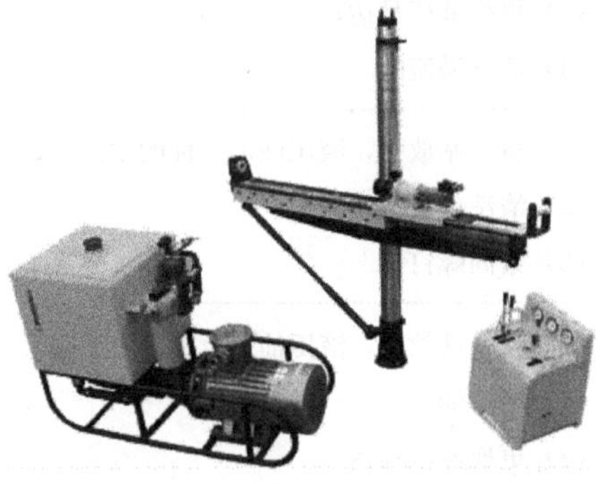

图 1-19　架柱式液压回转钻机

2. 工作原理

工作原理与架柱式气动锚杆钻机相比，除动力是由泵站提供的液压驱动外，基本相同。

3. 特点

架柱的立柱可沿其轴线做±180°旋转，横梁可沿垂直方位做±180°旋转。根据孔位距底板的不同，通过调节横梁离地高度可在侧帮的整个高度范围内任意钻孔。整机扭矩大、转速高、体积小、占据空间小、质量小、便于移动、钻孔效率高。适用于岩石硬度 $f\leqslant 10$ 的围岩条件中。

4. 主要技术参数

架柱式液压回转钻机主要技术参数见表 1-12。

表 1-12　　主要技术参数

型　　号	ZYJ-160/460	ZYJ-380/210	ZYJ-420/260
额定压力（MPa）	16	12.5/8	10
额定流量（L/min）	42	66/13	/
额定转矩（N·m）	160	380	420
额定转速（r/min）	460	210	260
钻进推力（kN）	8	10	13
空载转（r/min）	760	2500	8000
冲洗水压力（MPa）	0.6～1.8	1.0～2.0	0.6～1.2
噪声（dB）	≤100	≤108	≤92
导轨长度（mm）	2300	2300	2330
推进行程（mm）	1200	1300	1300
主机质量（kg）	28	218	300

续表

型　　号		ZYJ - 160/460	ZYJ - 380/210	ZYJ - 420/260
液压泵站	额定压力（MPa）	17	15/10	14
	额定流量（L/min）	42/42+13	73/18	/
	电动机额定功率（kW）	15/18.5	15	18.5
	电动机额定电压（V）	380/660	380/660	380/660
	油箱有效容积（m^3）	130	200	180
	泵站质量（kg）	228	300	345

5. 常见故障及排除方法

架柱式液压回转钻机常见故障及排除方法见表 1 - 13。

表 1 - 13　　常见故障及排除方法

故障现象	故障原因	排除方法
钻杆不转	（1）齿轮泵压力低； （2）齿轮泵坏； （3）马达烧坏； （4）泵站吸空； （5）进油管折弯或堵塞； （6）钻杆连接短节坏	（1）调整溢流阀； （2）更换； （3）更换或维修； （4）加油； （5）清理或更换； （6）更换
油缸收复缓慢或不收缸	（1）压力低； （2）油缸活塞密封损坏； （3）进油管折弯或堵塞	（1）调整溢流阀； （2）更换； （3）清理或更换
卡钻	（1）钻头合金刀片掉落； （2）钻头磨损； （3）冲孔水压小，岩粉排不出来； （4）压力低	（1）更换新钻头； （2）修磨或更换钻头； （3）加大水压流量； （4）检查齿轮泵
压力表无压力	溢流阀卡住	清洗或更换溢流阀
漏油渗油	（1）O 型圈坏； （2）轴孔间隙大	（1）更换； （2）更换损坏件
泵站无压	（1）齿轮油泵损坏； （2）油泵旋向不对； （3）溢流阀调压不对或损坏	（1）更换； （2）更换电动机接线； （3）调整溢流阀或清洗、更换

续表

故障现象	故障原因	排除方法
泵站其他故障	（1）滤油器堵塞； （2）油量不足、吸空； （3）吸油管漏气，油黏度高； （4）压力表易损坏； （5）液压油过热	（1）清洗滤油器； （2）加油； （3）更换密封、换油； （4）测压时打开，测压后关闭； （5）加油至油标刻度

思考题

1. 钻孔设备的选择遵循哪些基本原则？
2. 立轴式钻机的机械传动系统及液压传动系统分别由哪些部件构成？
3. 钻机开动前，应做好哪些检查和准备工作？
4. 全液压钻机动力头主要由哪些部件组成？
5. 气动潜孔锤钻机主要由哪几个系统组成？

实训题

1. 现场安装并对立轴式钻机进行日常维护保养。
2. 现场操作并对全液压钻机进行日常维护保养。
3. 现场操作并对气动潜孔锤钻机进行日常维护保养。

第二章　注浆机械设备

第一节　注浆机械设备概述

一、功能与分类

灌浆机械设备包括注浆泵、制浆站或高速制浆机、低速搅拌机或储浆桶等，是锚固与注浆施工的必需设备。注浆泵的基本功能是在注浆施工中，以一定压力向地层钻孔内压送一定流量的注浆浆液（水泥浆、水泥黏土浆或化学浆液等），并将浆液压渗或挤压入地层裂隙中。制浆机的基本功能是将水泥或黏土等颗粒材料，在搅拌叶轮的高转速剪切作用下，使颗粒材料充分分散并搅拌均匀。低速搅拌机或储浆桶的基本功能是储存已拌制好备用的浆液，并使其在低转速下维持浆液不发生沉析。

二、设备选用的基本原则

注浆泵是注浆施工中必备的设备之一，根据流量、压力注入材料等的不同，可选用不同型式的注浆泵；一般情况下，中、高压普通水泥注浆可选用柱塞泵；在进行双液注浆时，则需要选用特殊的双液注浆泵；在灌注砂浆或其他低压膏浆时，则可采用专门的砂浆泵或挤压泵；在化学注浆或结构补强注浆中，则需要使用专门的化学材料注浆泵。

第二节　水泥浆或黏土水泥浆注浆泵

一、往复式柱塞泵

（一）特点及应用范围

往复式柱塞泵具有运转平稳、适应介质范围广、流量变化范围广、输出压力较高、易损件寿命较长、性能稳定、体积小、质量小、分解性好、便于搬迁等特点。可满足常规注浆工程或钻探工艺的需要，是输送水泥浆或泥浆的必要配套设备。往复式柱塞泵广泛用于堤坝防渗、矿山防治水、地下工程加固治水、路桥、港口码头等工程基础处理、深基坑支护防渗及其他注浆工程，该泵亦可作为锚固注浆钻孔及冲击回转钻进配套泵使用。

（二）组成及结构型式

往复式柱塞泵一般为卧式三缸、双缸、单缸往复单作用泵或双作用泵。以往复式三缸单作用柱塞泵为例，其结构由泵头、泵体、防护罩、空气室与压力表、安全阀、卸荷阀、滤水器等部件组成。往复式柱塞泵结构如图 2 - 1 所示。

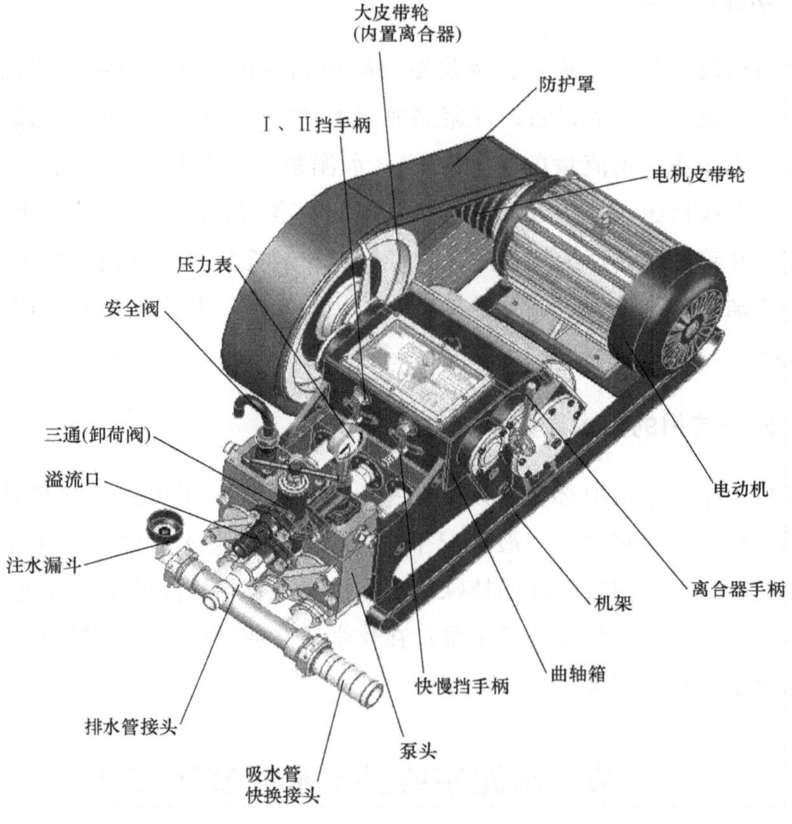

图 2 - 1　往复式柱塞泵结构

（1）泵头。泵头分上、中、下三部分。泵头下部的下泵盖用以固定和密封三缸的吸入阀，吸入阀下部为三缸共同的吸水室。吸水室两侧腰形法兰，一端装进水管接头以此连接吸水软管和吸入系统，另一端用闷板堵住。进水管接头和闷板安装位置可以根据现场布置调换 180°。泵头的中部为泵头体，用以实现泵头与泵体的连接，并具有三个彼此隔开的液缸，泵头上部上泵盖用以固定和密封三缸的排出阀，三个排出阀的上部为排液室，是泵头的高压腔。第一个排出阀的上部装有排出管与压力表。三缸泵头结构如图 2-2 所示。

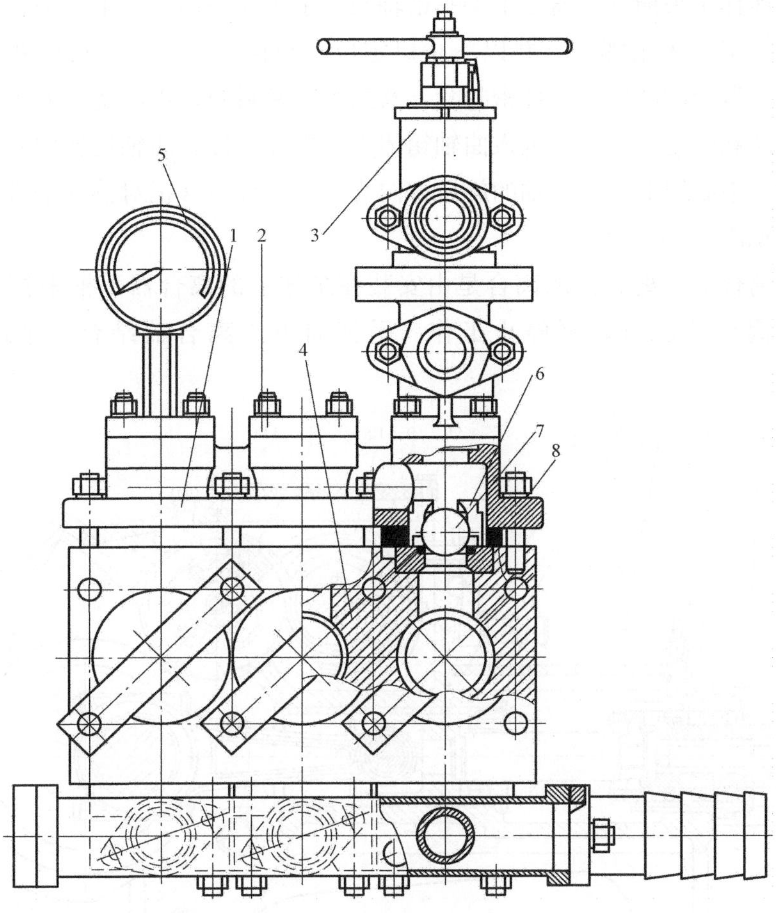

图 2-2　三缸泵头结构

1—上泵盖；2—阀盖；3—卸荷阀；4—泵头；5—排出管与压力表；6—导向套；7—钢球；8—阀座

（2）泵体。泵体总成为一密封铸铁变速箱体，内装输入轴、变速轴、中间轴、六个齿轮、两个双联齿轮组成的变速机构及曲柄连杆机构。

变速轴支承在两个滚动轴承上，变速轴为花键轴，花键上装有可以在轴上滑动的两个双联齿轮。通过变速手柄拨动双联齿轮，使之分别与输入轴上的齿轮 1 或齿轮 2 和中间轴上的齿轮 3 或齿轮 4 啮合，以实现快Ⅰ、快Ⅱ、慢Ⅰ、慢Ⅱ，四挡变速。

曲轴上具有三个互成120°角的拐位，主轴颈支承在两个滚动轴承上。曲轴的连杆轴颈通过连杆与十字头相连接。连杆体及连杆盖只能成组互换，用连杆螺栓及止动垫圈紧固。连杆轴颈与连杆大头瓦之间的间隙为0.18～0.288mm，连杆小头装有连杆小头铜套，通过十字头销轴与十字头浮动连接，十字头在十字头滑套内滑动，十字头用螺纹（并以一止口定位）与拉杆连接，带动柱塞作往复运动。十字头滑套端部装有拉杆密封盒，盒内装有密封圈，用以防止曲轴箱体内的润滑油外漏和防止浆液及水进入曲轴箱体内，损坏机件。曲轴旋转中心与十字头中心在同一中心线上，输入轴的旋转方向为逆时针旋转（正对输入轴外露轴端）。泵体结构见图2-3。

（3）离合器。离合器的离合是由安装在泵体上的离合器手柄来控制的，手柄向上为离合器脱开，泵停止工作。手柄向下为离合器结合，泵进入运转状态。

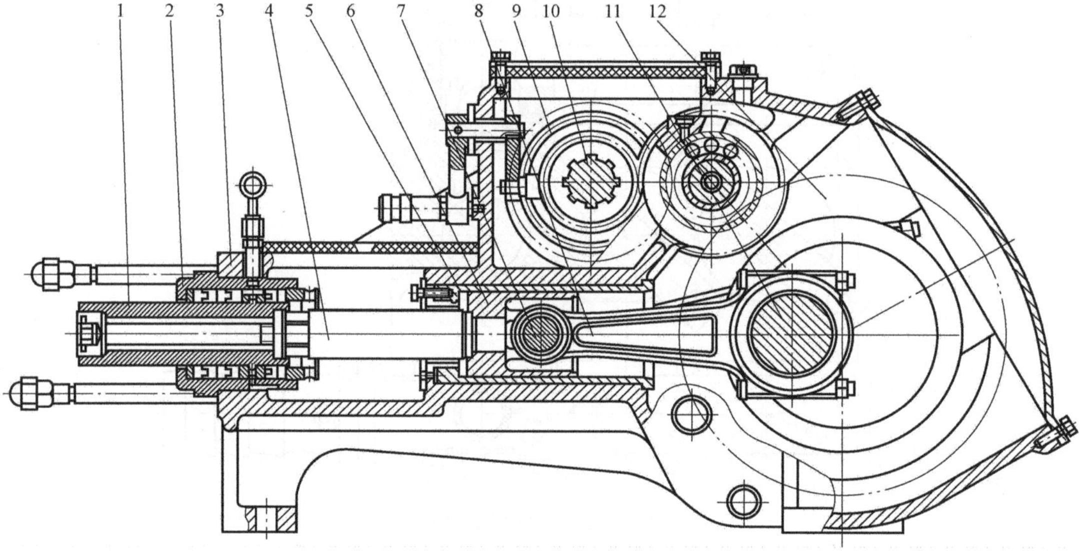

图2-3 泵体结构

1—柱塞；2—柱塞密封；3—泵体；4—拉杆；5—十字头滑套；6—十字头；7—十字头销；8—连杆；9—两联齿轮A；10—变速轴；11—曲轴；12—大齿轮

离合器与大皮带轮装配在一起。当离合器手柄向下使离合器结合时，磨擦片被具有12个弹簧压力的压盘的磨擦面压紧。大皮带轮的旋转运动，通过磨擦片总成由齿盘带动安装在泵体内的输入轴一起转动。当离合器手柄向上使离合器脱开时，顶杆受力顶起推盘，顶杆与推盘之间安装有滚动轴承，使杠杆将压盘抬起时，弹簧被压缩，压盘与磨擦片总成脱开。大皮带轮和压盘转动，磨擦片总成、齿盘及输入轴处于静止状态。皮带轮用两个滚动轴承安装在带轴盖上。带轴盖用法兰定位将整个部件安装在泵体上。在压盘上焊有三个耳环，在耳环上用销轴固定着三个杠杆，杠杆的一端支承在推盘的法兰上，另一端支承在支撑螺栓的端头上。杠杆上的调整螺钉和薄螺母，在安装时用来调整间隙，使三个杠杆同时压在推盘上的。磨擦离合器装置用防护罩盖着，能防止泥浆及异物进入，亦能防止由于安装失误造成零件松脱飞出伤人的事故。

泵离合器结构见图 2 - 4。

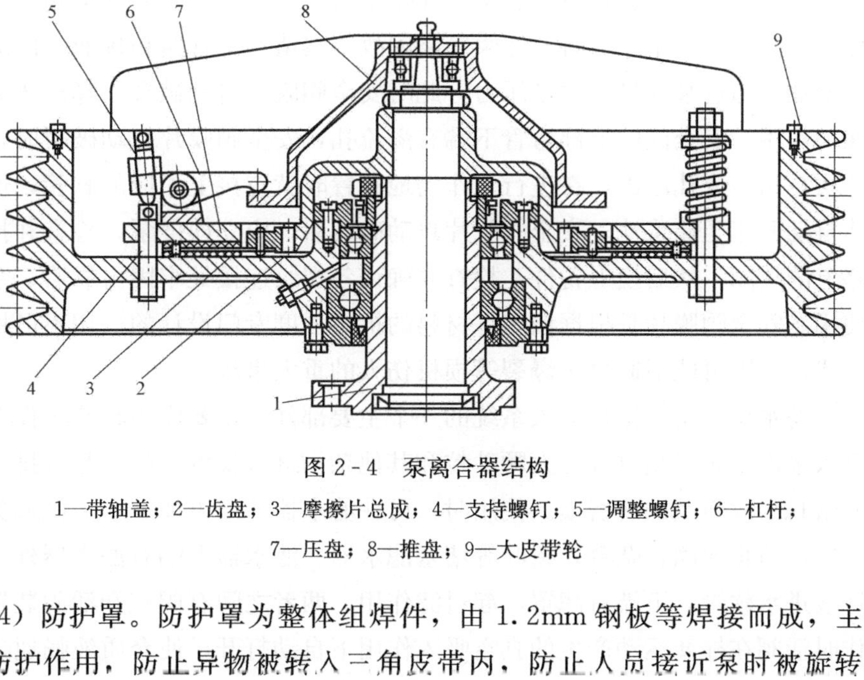

图 2 - 4　泵离合器结构

1—带轴盖；2—齿盘；3—摩擦片总成；4—支持螺钉；5—调整螺钉；6—杠杆；7—压盘；8—推盘；9—大皮带轮

(4) 防护罩。防护罩为整体组焊件，由 1.2mm 钢板等焊接而成，主要起安全防护作用，防止异物被转入三角皮带内，防止人员接近泵时被旋转物伤害。防护罩大头端由一支架支承固定在泵体上，小头端由一支架支承固定在机架上。

(5) 机架。机架由槽钢焊接而成。机架端头成圆角，并焊有圆管，供运输时系钢丝绳用，方便运输。机架的上面有 4 个孔，用螺柱将泵体固定在机架上，机架的下面亦有 6 个孔，用来将泵固定在地基上。

(6) 排出管与压力表。压力表显示的则是管路系统的压力。该部件安装在泵头排液室上部，通过三通上部的螺纹孔连接抗震压力表，通过三通前部腰形法兰连接排出管接头。排出接头直接与高压排出胶管连接，用以将工作介质输送到预定地点。

（7）排浆管总成与卸荷阀。卸荷阀的功用：

1）泵开动时，应使卸荷阀处于开启状态，观察泵排出的工作介质从卸荷阀口排出顺畅后，再检查确定泵各部运转正常后，关闭此阀，使工作介质从排出管接头处排出胶管排出，泵进入工作状态。

2）当管路堵塞，发生憋泵事故时，应先将卸荷阀打开，使泵处于卸荷状态，然后才能对泵和管路进行维护等操作。排浆管总成是将水泥浆或砂浆从泵头排出管输送到预定地点的部件，一端与卸荷阀排出口相连，另一端与排出胶管（或排出管）相连。为保证泵运行时的安全，在排浆管上装有安全阀。安全阀为膜片式一次性安全阀。在注浆作业时，注浆管路因故突然堵塞、管路和排液室内的压力会突然增加，超过泵的最大额定压力，此时安全阀膜片自动破裂，释放压力，起安全保护作用。安全阀的上部弯管下端有溢流孔，安全阀膜片自动破裂时，泵头内的介质会从溢流孔溢出，在进行工作场地布置时就应接上相应的软管，使溢出的液体自动回流至储浆池。安全阀膜片自动破裂后，应立即停泵，检查并排除注浆管路上的故障，然后换上备件，检查并确认各螺纹连接处牢固可靠后，泵方可投入使用。安全阀膜片是根据该零件材料的抗拉强度专门设计的，切不可用其他膜片替代，否则可能引起泵头爆裂等损机伤人的重大事故。

（8）滤水器。滤水器是吸入系统的一个主要部件，主要作用是使工作介质能顺利进入泵内，防止超过规定大颗砂粒和其他杂物进入泵内，而引起进排水阀门和柱塞密封出故障及加速磨损。使用时，可在滤水器外部再加一个箩筐或类似的网状装置，防止泥团，杂草，树叶等堵塞滤水器。滤水器上端有滤水器外壳，其接头连接进水软管，下端有滤罩，起过滤作用。两者之间有阀座和活阀装置，当泵工作时活阀在柱塞运动产生的真空吸入作用下自动打开，使介质液畅通进入进水管；当泵停止工作时，活阀在进水管内介质液重力作用下自动关闭，在下次工作时减少进水管内空吸作用。在泵送水泥浆时，如果停机 3min 以上，应于停泵后 2min 内对滤水器及吸水管进行清洗，以防水泥浆凝固结块，造成堵塞管路及喷嘴等事故。

（三）注浆泵的使用与维护

1. 使用注意事项

（1）泵的安装应稳定可靠，并用地脚螺钉固定，摆放地面应平稳结实；泵的安装位置应保证操作者的安全、方便，还要根据场地设置好水池、回水槽及除砂沉渣装置等，并尽可能缩短吸入长度和吸入高度。

（2）严禁操作人员在泥浆泵运转时离开，使泵处于无人看护状态；扳动变速手柄变速之前，必须使离合器离开，待各齿轮转速减慢或停止时方可换档，以免打坏齿轮。

（3）安全阀装置严禁拆除，开启压力出厂时已校好，不要随意调动。

（4）严禁把卸荷阀作调节流量用，否则三通很快损坏，并破坏泵的性能。

（5）泵不得在无冲洗液情况下工作，否则密封件容易损坏。

（6）切勿将油或冲洗液落入离合器的摩擦盘内。

（7）注意传动皮带的松紧程度，并及时调整。

（8）装、拆零部件时，禁止用榔头或铁棒击打零件，当需要击打时，必须垫以木块或紫铜棒。

2. 开泵前的准备工作

柱塞泵经过长期停止使用或者重新安装以后，开动前一定要做好下列准备工作：

（1）检查泵的各连接部位是否牢固可靠，泵体与机架，泵头与泵体，十字头与拉杆之间的螺纹连接处在运输的过程中是否有松动。

（2）检查泵体内是否有润滑油并加足，所有油杯位置均须加油。

（3）检查变挡机构情况是否良好，并拨到所需挡位。

（4）检查各连接管路是否连接到位，冲洗进水软管及滤水器活阀，进水孔不得被脏物堵塞，活阀应开闭自如，软管接头处应用喉箍固紧，保证密封不漏气吸水高度不得超过2.5m。吸水管长度不超过5m。

（5）打开泵头上注水漏斗的螺塞，向进水管内灌引水，并一定要灌满。拧紧注水漏斗内的螺塞，然后再向漏斗内加些水封住螺塞。

（6）用手拨动大皮带轮1～2圈，检查是否有卡阻现象。柱塞密封处是否过紧或过松。将上述各步骤发现的问题处理到位，检查并确认正常无误。

3. 注浆泵的启动、停止

（1）泵的启动：

1）将卸荷阀开启。

2）按后盖上的标牌指示选择所需泵速、流量挡位。

3）将离合器手柄向上提起，离合器处于脱开状态。

4）启动动力机，并达到正常转速。

5）将离合器手柄放下，使离合器结合，泵开始运转；待卸荷阀溢流口回流介质平稳正常，确认各部件运转正常后，关闭卸荷阀，浆液从输浆管中输出，泵进入正常工作状态。

（2）泵的停止：

1）将离合器手柄向上提起，使离合器处于脱开状态。

2）关闭动力机。

3）灌浆后停泵前，要用清水对泵及进排水管路进行清洗，直到从排出管中排出的水清洁干净，然后再停泵。

4）在寒冷季节较长时间停泵时，需要将泵中、软管中及其他管路中的余水放尽。

5）长期停泵时应对泵进行全面清洗。必须将泵中的水和油全部放出，清理各部件上的泥砂，并将下列各部件涂上润滑脂：曲轴轴颈、齿轮、十字头、十字头滑套、十字头销轴、拉杆、柱塞、缸盖、阀盖、钢球、阀座、卸荷阀内各零件和安全阀内膜片。

4. 注浆泵的维护保养

为了保证泵的正常运转，必须注意下列事项：

（1）注意检查各运动部件的润滑情况，泵体内及时加油、换油，换油时应选用规定牌号纯洁无杂质的润滑油。

（2）泵正常工作时的工作压力，不得超过额定压力80%。在最高压力工况下工作时连续运转时间不得超过1h。要注意检查安全阀工作的可靠性（注意压力表的指示是否超压）。

（3）输入轴的输入转速不得超过500r/min。

（4）泵在运转时不应有撞击声。

（5）衬套与密封圈、柱塞要始终保持严密，松紧适度，不得泄漏冲洗液，发现泄漏，要即时拧紧。

（6）变速时必须使动力机处于空挡位置（离合器脱开），切勿在运转中变速。

（7）注意吸水管件安装位置和结合的严密性，防止形成空气囊和吸进空气，降低泵的容积效率和对泵造成气蚀损坏。

（8）滤水器要沉浸在储水池浆液面下0.2m，距水池底面和四壁0.3m。防止超大颗粒砂泥和杂物进入泵内，在滤罩架外加上适当的筛网。

（9）注意储水池内浆液面位置升降情况，液面太低要即时补充浆液。

（10）注意传动皮带的张紧情况并及时调整。

（四）注浆泵易损件的拆卸与装配

柱塞泵可以整个拆卸和局部拆卸。如在运输困难的地方搬迁时，可以分解，在大修时可作全部拆卸，检修时或排除故障时可作局部拆卸。

1. 易损件的拆卸

（1）进水阀：用专用的套筒扳手将下泵盖的压紧螺母拆下。吸水阀导向套、弹簧、阀球及阀座即可直接取出。

（2）排水阀：拆下上泵盖的压紧螺母，将上泵盖从泵头上取下来。密封套、排水阀导向套、弹簧、阀球及阀座即可直接取出。

（3）柱塞密封套的拆卸：先松开泵头与泵体螺柱螺母，取下泵头。分别将三个水封环供水管固定铜管的螺母拆下，将分水管卸下，拆下接头体，然后将柱塞密封套卸下，再逐一将柱塞密封套内零件取出。当柱塞密封套内零件被水泥砂浆泵固紧时，可使用随机配备的柱塞密封套拆卸专用工具将套内零件冲出。

（4）防尘密封圈：先按（3）拆下柱塞密封套，再将拉杆与十字头松开并取出拉杆，卸下拉杆密封套，即可更换防尘密封圈。

（5）连杆与十字头：打开泵体之后盖板，拆下连杆盖及连杆螺钉、螺母，并从十头上拧下拉杆，然后扳动离合器使曲轴转动到适当位置，将连杆与十字头拉出进行分解。

（6）滤水器：松开螺栓螺母，拆下滤罩架、阀座、上压板和下压板，即可更换活阀。

2. 易损件的装配

（1）连杆螺栓螺母要拧紧，并用止动垫圈固定好，连杆瓦与曲轴连杆轴颈间隙应调整好，不允许有卡住现象（间隙为0.06～0.13mm，必要时可加垫片来调整）。

（2）泵体上所有滚动轴承间隙要调好，不能过松或过紧，曲轴和变速轴轴承的径向游隙为0.035～0.06mm，输入轴和中间轴承的轴向游隙为0.05～0.1mm。

拉杆要很好地固定在十字头中，不可松动。

（3）密封套内V形密封圈应紧密的贴切在衬套孔内和柱塞上，只要不泄漏即可，不能压得过紧，可用压紧螺母调节。

（4）安装O形圈，V形圈等橡胶密封圈时，先将密封圈表面涂上润滑脂，防止安装时切伤表面，所有螺栓螺母均应很好拧紧。

（五）注浆泵的润滑

及时和正确地润滑可以保证水泥砂浆泵的正常工作，使各运动部件磨损减至最小，为此应该采用规定牌号的润滑油，并防止水及机械杂质进入润滑油中。

泵体内的齿轮、曲轴曲柄销颈、轴承等是靠泵体内齿轮及曲轴上的甩油片进行飞溅润滑的，十字头销轴是靠连杆杆臂上方集油槽收集的飞溅油经由连杆小头铜套上的油孔来润滑的，因此必须保证泵体内有足够的润滑油，泵体外侧有一油窗，应注意观察油面是否在油面刻度线内，泵体内所用润滑油为：

冬季用全损耗系统用油 L-AN32 恩氏黏度（°E100）2.7～3.2，闪点>170℃。

夏季用全损耗系统用油 L-AN46 恩氏黏度（°E100）4～4.5，闪点>180℃。

离合器压盘内的轴承，大皮带轮内的轴承以及离合器手柄处的偏心轴是靠安装在其上的油杯注入的润滑脂进行润滑的。所用润滑脂为：通用锂基润滑脂 ZL-1（SY1412-1975），应每周注油一次。

（六）往复式柱塞泵故障及排除

往复式柱塞泵故障及排除见表 2-1。

表 2-1　　往复式柱塞泵常见故障及排除

故障现象	故障原因	排除方法
水泥砂浆泵达不到排量或根本不能排送浆液	（1）滤水器露出液面； （2）滤水器堵塞； （3）吸水管道堵塞； （4）吸水管道密封不严密吸入空气； （5）进排水钢球卡住不工作； （6）柱塞及 V 形密封件磨损； （7）吸水管道中没有充满水或形成空气； （8）吸水高度超过允许值； （9）吸水管道太长或直径太小； （10）吸水管选用不当，工作时吸水胶管严重变形； （11）动力机故障	（1）使滤水器浸入液面，深度不小于 0.2～0.3m； （2）取出滤水器进行清洗； （3）拆开吸水管道并清洗； （4）检查吸水管及管道连接处并设法消除； （5）因钢球或阀座磨损卡住则更换零件，因泥砂堵塞则进行清洗； （6）压紧螺母或更换零件； （7）用水充满并排除空气； （8）降低吸水高度至 2.5m 以下； （9）减少长度 5m 以内或增大管径至规定尺寸（3″胶管）； （10）选用钢丝吸引胶管
水泥砂浆泵运转困难	（1）柱塞与 V 形密封圈过紧； （2）连杆轴瓦抱得太紧； （3）柱塞、拉杆、十字头、连杆机构有歪斜现象	（1）放松螺母，减少柱塞与密封圈之间的过盈； （2）检查配合间隙，如间隙太小可加垫调整； （3）检查并消除之

续表

故障现象	故障原因	排除方法
运转时有响声	（1）连杆轴瓦松弛或间隙过大； （2）拉杆与十字头连接处松弛； （3）轴承、齿轮或其他零件损坏	（1）将轴瓦上紧； （2）检查并上紧； （3）检查并更换零件
压力跳动过大	（1）柱塞或密封件磨损至不工作了； （2）阀座或球阀磨损至不工作了	（1）检查并更换新零件； （2）检查并更换新零件
排送的冲洗液中有大量空气	（1）柱塞磨损过大； （2）吸水管或滤水器堵塞； （3）吸水管变形	（1）更换柱塞； （2）疏通或取出来清洗干净； （3）将吸水管更换为钢丝吸引胶管

二、螺杆泵

（一）螺杆泵的特点和应用范围

螺杆泵是一种内啮合回转式容积泵，当单线螺旋的转子在双线螺旋的定子孔内绕定子轴线作行星回转时，转子一定子付之间形成的密闭腔就连续的、匀速的、容积不变的将介质从吸入端输送到压出端，输送压力稳定，并具有以下特点：

（1）螺杆泵结构紧凑，质量小，具有良好的可靠性，操作维护容易。

（2）可泵送浆液水灰比范围大，尤其适宜高浓度稠浆或膏状浆液，根据泵的大小不同，可输送 20000MPa・s 到 200000MPa・s 的介质。

（3）可泵注大灰砂比及较大砂粒粒径范围的砂浆，固相含量一般大于 40%。

（4）输浆压力平稳，避免了柱塞泵过大的瞬时脉动压力。

（5）被动升压，当浆液灌满后，压力逐渐升高至设计要求，压力根据工程需要进行调整，便于控制和保持灌浆压力。

（6）灌浆压力达到设计压力后，可反转卸压。

螺杆泵可用于公路、铁路地下洞室、城市地铁、水利水电工程、边坡处理、地基处理等工程的锚杆、固结、防渗注浆工程中。

（二）螺杆泵的组成及结构形式

螺杆泵的组成及结构见图 2－5、图 2－6。

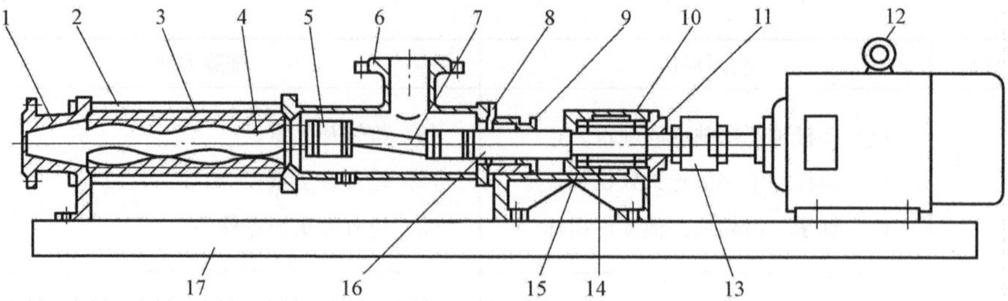

图 2-5 螺杆泵结构

1—出料口；2—拉杆；3—定子；4—螺杆轴；5—万向节总成；6—吸入口；7—连节轴；8—填料座；9—填料压盖；10—轴承座；11—轴承盖；12—电动机；13—联轴器；14—轴套；15—轴承；16—传动轴；17—底座

图 2-6 螺杆泵外形

（三）螺杆泵故障排除、维护和保养

1. 螺杆泵故障排除

螺杆泵故障排除见表 2-2。

表 2-2　螺杆泵故障及排除

故障现象	故障原因	排除方法
启动困难	（1）料液未充满泵腔，摩擦阻力较大； （2）填料压盖压得过紧，轴与填料之间有摩擦力矩过大	（1）用管子钳搬动联轴器泵主轴 3～6 圈； （2）调整填料压盖
启动后不出料液	（1）有大量空气吸入； （2）电动机转向不对； （3）料液黏度过大	（1）检查吸入口液位是否太低，吸入管是否漏气； （2）调接电动机的任意两相进线； （3）稀释料液
泵有较大的振动或噪声	（1）电动机与泵轴不同心； （2）泵内吸入空气或料液混有大量空气	（1）重新调整同轴度； （2）检查料液位，设法排除吸入液中的空气

续表

故障现象	故障原因	排除方法
运行过程中。流量显著下降	（1）衬套磨损，间隙增大； （2）转速降低； （3）万向联轴节或绕轴损坏传动失效； （4）吸入管路漫入液体深度不够，有空气进入泵内	（1）更换衬套，必要时换螺杆； （2）查电源和电动机； （3）停机检修，更换轴联轴节或绕轴； （4）减小吸入高度，增加浸入深度，排除吸入料液中的空气
电动机超载	（1）扬程超过泵的扬程过多； （2）料液黏度太大； （3）电压太低	（1）尽量减小管路水头损失，或更换高扬程泵； （2）稀释料液； （3）检查原因，提高电压至规定值
轴封填料处大量漏液	（1）压盖过松； （2）填料磨损； （3）进出口位置反	（1）调整压盖； （2）更换填料； （3）以变换位置

2. 维护和保养

（1）每日的维护和保养：

1）听听是否有异常噪声与震动。

2）在泵运转时检查泵是否有泄漏。

（2）每周检查与保养：

1）对于已经停止工作一周以上的泵，应打开进、出口阀门，接通电动机电源，点动几次泵。

2）检查进、出口管道上的阀门是否可以工作正常。

（3）每季的维护与保养：

1）检查所有基础上的螺母和压紧装置的螺栓是否松动。

2）在润滑部位加注润滑油。

（4）每年的维护与保养：

1）检查联轴器的对中情况。

2）对照泵和电动机的铭牌的数值，检查泵的流量、压力和功率的情况。如果有必要，在压力和流量下降很多的情况下，则应对泵进行拆卸检修，更换维修已损坏的部件。当然如果泵的性能仍然令人满意，则无需拆泵维修。

第三节　水泥＋水玻璃双液注浆泵

双液注浆泵主要应用于涌水注浆、回填注浆、防渗堵漏、防止地表下沉，建筑物纠斜，以及隧道、矿井采掘工作面注浆堵水及建筑物加固补强等工程。

一、双液注浆泵的特点

在双液注浆施工中，为了能准确控制浆液的凝固时间，两液的吸浆量应满足一定的比例关系，要求注浆泵在注浆过程中，能随时调节流量、压力，而且供液要均匀稳定，以满足注浆工艺和保证注浆质量的要求。其特点主要有：

（1）可实现同时输送两种介质也可以单独输送一种介质；

（2）具有结构紧凑、工作可靠、故障率低、清洁及维修方便、泵送压力高等优点；

（3）可用于水泥浆、黏土浆、水玻璃、化学浆液等多种介质的泵送和压力注浆。

二、双液注浆泵关键部位结构

泵头总成主要由阀体下板，阀体中间板，阀体上板组成，吸入球阀和排出球阀处于阀体上板内，并处于同一水平位置。泵体维修方便。关键结构示意如图 2－7 所示。

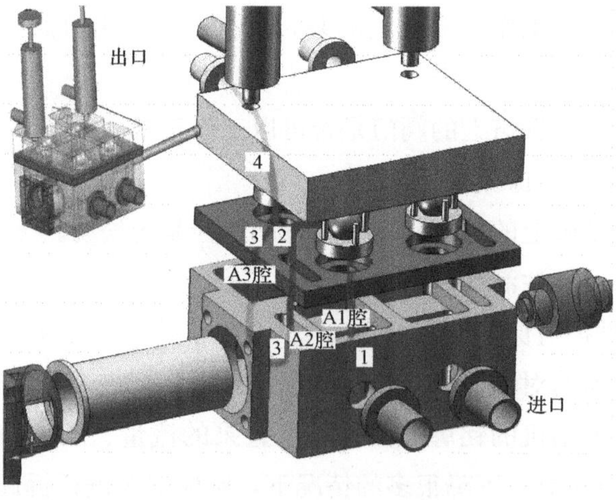

图 2－7　SNS－24/6 关键结构

三、常见故障排除

常见故障排除与预防见表 2-3。

表 2-3　　常见故障排除与预防

故障现象	故障原因	排除方法	故障预防
吸浆管不吸浆、吸浆管不蠕动、排浆管不跳动	吸浆管路（吸浆阀）堵塞或漏气	清理吸浆管或吸浆阀拧紧螺栓更换胶圈	注浆结束后，用清水冲洗干净；注浆前检查
吸浆管向外吐浆、排浆管不跳动	吸浆阀内有杂物；垫阀球、阀座或阀球损伤	打开吸浆阀取出杂物；更换阀球或阀座	吸浆管加 3 号纱网罩；注浆后检查阀球和阀座
吸浆管不吸浆、吸浆管不蠕动、排浆管不跳动	排浆阀内有杂物；垫阀球、排浆阀座或阀球损伤	停泵关止泵阀取出排浆阀内杂物；更换阀球或阀座	吸浆管加纱网罩；注浆结束后检查阀球、阀座
塞线与活塞杆间漏水、进气、吸排浆量减少	塞线档压得不紧；棉塞线胶圈硬化失效	拧紧塞线档；两螺栓松紧度相等；更换塞线	注浆前拧紧塞线；注浆中随时拧紧经常更换塞线
吸清水试转或注浆开始时，压力急剧升高	高压胶管壁存留的水泥硬壳脱落聚集而造成堵塞高压管	用长粗铁丝透管；用锤击堵塞部位	每次注浆结束后，用大流量长时间冲洗管路

四、安装与维护

（1）安装：电动机、变速箱固定在泵体上，构成一个整体。井下使用时，可用四个螺栓直接把泵固定在一个板车上，在泵头部分不能超出板车，防止井下调车中碰坏。

电气控制设备（用户自备），应设在泵的附近，并应设有远距离控制开关。

（2）维护：

1）新安装或大修后第一次启动前，必须转动大皮带轮，使柱塞在缸内作多次往复运动，检查传动部分有无蹩劲现象。

2）启动前，检查传动部分的连接螺栓，有无松动现象。

3）泵体和变速箱的传动部分为油池式飞溅润滑，润滑油分别为 68 号和齿轮工业油，温升应不超过 35℃，当油面降低时，应添同种工业油，使用前必须加油。

4）发现泵体变速箱密封处有滴漏油现象，应及时处理。

5）运转中，经常检查各部件，有温升或异常声响，必及时停泵，检查处理。

6）每次注浆结束后，应将吸水泥浆的塞线档及塞级（胶圈）取出，用清水冲洗或更换，防止水泥硬化磨损柱塞。

五、安全注意事项

（1）压力表和安全阀必安装在吸水玻璃浆液的排浆管路上，严禁吸水泥浆，避免水泥堵塞，而损坏压力表和造成安全阀失灵。

（2）安装高压管路和泵头各部件时，各丝扣的连接必须拧紧。

（3）泵正常运转注浆中，禁止现场人员在注浆孔附近停留，防止封水管受高压跑出，或阀门破裂时伤人。

（4）每次注浆前，要检查安全阀的灵敏度，并调整到规定注浆终压（可大0.1～0.2MPa）的位置。

第四节　膏浆或砂浆注浆泵

一、小型混凝土输送泵

1. 特点及应用范围

小型混凝土输送泵是介于细石泵、砂浆泵和大型混凝土输送泵之间的一种，它的特点是体积小、功率小、行动方便，可泵送砂浆、细石混凝土，广泛应用于洞室充填注浆、填筑层的固结注浆中。

2. 组成及结构形式

小型混凝土输送泵的组成、结构及外形见图2-8、图2-9。

二、柱塞式砂浆泵

1. 特点及应用范围

（1）柱塞砂浆泵各主要密封部位广泛采用了角密封结构技术，密封可靠，工艺简单，装拆方便。

（2）进排水阀采用镶嵌硬质合金，阀采用弹簧球阀，硬度高、耐磨、耐冲击、装折方便、使用寿命长。

（3）大皮带轮左置直径加大，动力变更方便、容易。

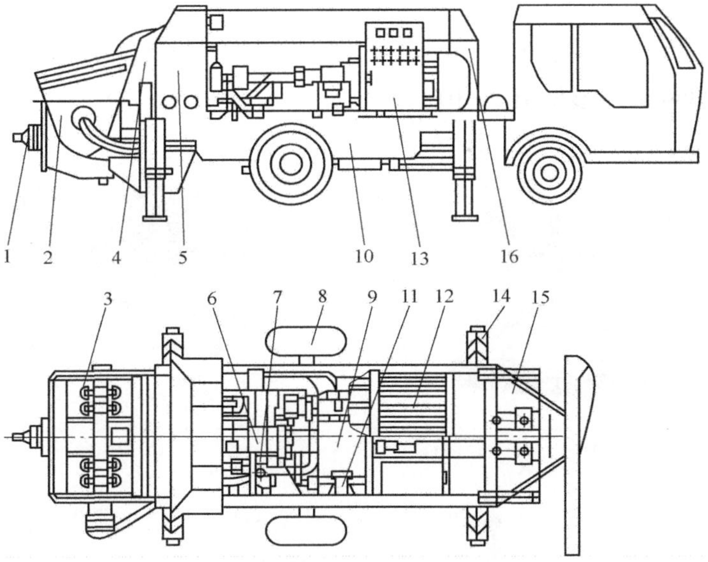

图 2-8　小型混凝土输送泵的组成及结构图

1—出料口；2—料斗；3—搅拌机构；4—摇摆机构；5—油箱；6—油管；7—冷却机构；8—车轮；9—泵送机构；10—汽车底盘；11—润滑机构；12—动力机构；13—控制电器；14—支腿；15—牵引架；16—机身

（4）安全阀采用膜片式。

（5）双片式离合器，结合力小，操作容易而且可靠。

（6）柱塞密封加一道水封环，使密封可靠，由于能及时冲洗柱塞上的污垢及冷却柱塞，使柱塞耐用。

（7）柱塞砂浆泵既可输送泥浆，亦可输送砂浆。

图 2-9　小型混凝土输送泵外形

柱塞式砂浆泵有单缸柱塞式砂浆泵、双缸柱塞式砂浆泵以及三缸高压柱塞式砂浆泵。柱塞砂浆泵除可输送清水，水泥浆外，可输送含 5mm 以下粒径的砂浆，主要可用于水利工程堤坝基础、堤身坝体、地基松散软弱层、溶洞进行充填灌浆，旋喷注浆，静压注浆，锚杆灌注水泥砂浆，隧道支护灌注水泥砂浆，建筑路桥地基加固注浆，也可用于其他施工中输送石灰浆、水泥浆、黏土砂浆、水泥砂浆等固液相混合浆液，还可用于与地质岩芯千米钻机作冲击回转钻进配套用泵。

2. 外形

柱塞式砂浆泵外形见图 2-10。

(a)

(b)

(c)

图 2-10 柱塞式砂浆泵外形

(a) 单缸柱塞式砂浆泵；(b) 双缸柱塞式砂浆泵；(c) 三缸柱塞式砂浆泵

3. 使用注意事项

(1) 轴承座内的润滑油应定期更换，正常情况六个月更换一次；

(2) 寒冷季节，停泵后若有结冰现象，应先接通密封处冷却水，必要时可加热水进去解冻，之后用手盘动联轴器，直到运转灵活，再按照启动步骤开车。

(3) 有冷却水装置的泵，开车前应先接通冷却水，泵正常运行时，可继续接通，若条件不允许也可停掉，冷却水的流量和压力都没有要求，自来水即可。

(4) 严格泵在关闭出口阀门时运行。

(5) 泵不能承受进出口管道的重量，进口管路越短越好，泵出口到阀门处的垂直高度应尽可能短。

(6) 保持电动机上没有水迹，防止电动机受潮。

三、挤压式砂浆或膏浆泵

（一）挤压式砂浆泵

1. 特点及适用范围

挤压式砂浆泵泵壳内装有一个增强复合材料制成的泵管，泵管在设定的长度上被挤压，泵的转盘上安装有挤压滚轮。当转盘在主轴带动下转动时，挤压头或挤压滚轮连续地挤压泵管，迫使泵管内的物料流向输料管路。挤压过后，泵管在复原轮的作用下复原时便形成了对料斗中物料的抽吸作用。这样，转盘转动一周，泵管内的物料便以一定的流量被泵出，转子连续转动时，泵管便可以连续地吸入、排出物料，特别适应于小成本条件下的小规模工程施工。挤压式砂浆泵在堤坝、水库、隧道、煤矿、码头、桥梁等工程中，可进行充填、固结等低压力灌浆。在基础工程应用上，当深层搅拌打桩机进入预定深度后，通过该泵将浆液输入桩管内，利用打桩机深层搅拌，可以高质量完成水泥桩施工等。

2. 结构组成

挤压式砂浆泵结构组成见图 2 - 11。

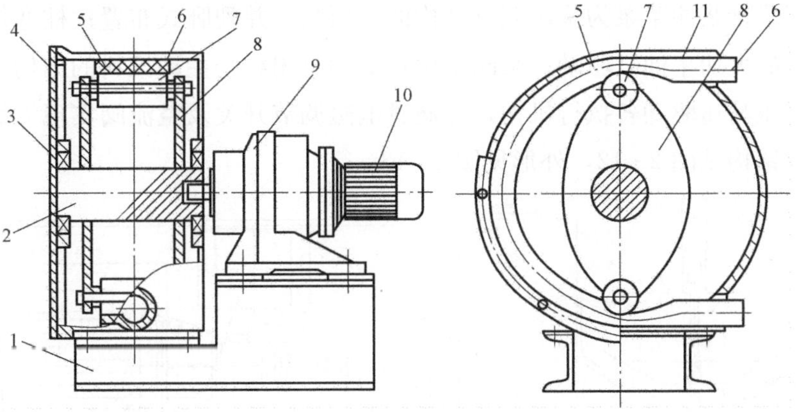

图 2 - 11　软管挤压泵结构

1—机座；2—主轴；3—轴承；4—端盖；5—泵壳；6—橡胶管；7—压辊；8—转子体；9—减速机；10—电动机；11—接管

（二）柱塞式膏浆注浆泵

膏浆具有低流动性，高黏滞性的特性，常规注浆泵难以满足注浆泵送的要求，因而只有专门的膏浆泵或螺杆泵才能满足膏浆注浆的需求。

1. 特点及应用范围

湖南宏禹工程集团有限公司下属子公司长沙融科环境工程机械有限公司根据膏浆注浆的特性及可控注浆工艺要求，研制出了专用柱塞式膏浆注浆泵，并已在多个工程中得到应用。该泵具有以下特点：

（1）具有独特的泵头结构，可泵送低流性（圆盘流动度＜70mm）的甚至低坍落度的膏状浆体。

（2）灌浆泵单缸泵送量大，压力高，可实现瞬间冲挤灌注，压力、泵送频次等分别采用无级调控系统控制，确保泵送的稳定与安全。

（3）高压脉动灌浆泵工作效率高，压力和输出量可根据需要无级调节。

（4）通过 PLC 控制，做到了恒功率变量，降低了电量损耗；同时可根据不同地层的灌浆要求，设定料缸的送料频率和泵送压力。

（5）柱塞式膏浆注浆泵可广泛应用于水利水电、道路桥梁、城市建设、港口码头等各类工程建设的防渗及加固注浆，并可达到控制注浆范围、大量节省材料及工时的目的。

2. 组成及结构形式

柱塞式膏浆注浆泵为采用双缸结构的液压泵，并列卧式布置；柱塞依靠两个相互独立的大功率油缸驱动；泵阀采用特殊的封闭料仓主动推料的结构型式；动力采用液压马达驱动各执行机构，并通过电磁调节开关及溢流阀实现无级调速与控制。其结构见图 2-12，外形见图 2-13。

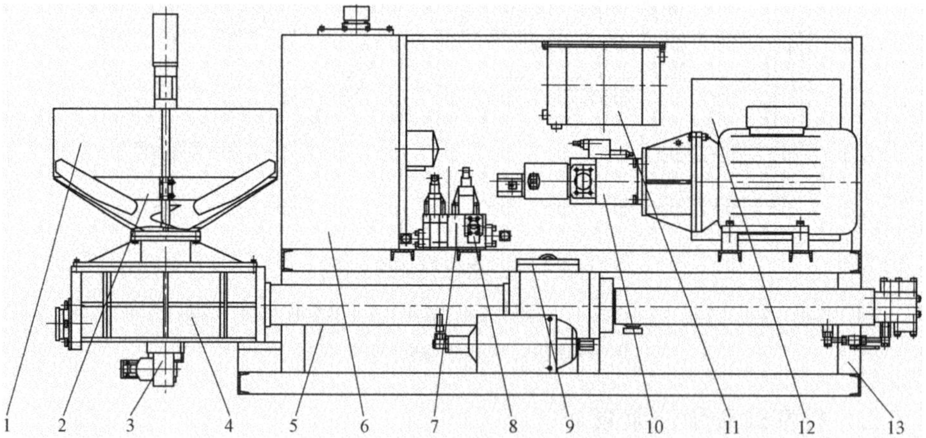

图 2-12　柱塞式膏浆注浆泵结构

1—料斗总成；2—搅拌送料机构；3—分配机构；4—泵头；5—泵送机构；6—液压油箱；7—液压阀组；8—液压管路；9—润滑系统；10—动力系统；11—冷却系统；12—电气系统；13—机身总成

3. 维护及保养

(1) 例行保养(每 8h):

1) 停泵后经行例行保养,擦洗设备,清洁油污、水垢。

2) 检查护罩固定良好,无松动。

3) 检查机组轴承温度不超 80℃,轴瓦在 70℃以下;清扫电动机风扇吸入口灰尘。

图 2-13 柱塞式膏浆灌浆泵外形

4) 检查润滑油油位符合要求,不足处要及时添加;清洗呼吸阀。

5) 检查调整密封函压帽的压入量,使填料泄漏量 30~50 滴/min 为宜。清理密封函体槽底部杂物,畅通排水孔。

6) 检查仪表以及安全部件,反应灵敏、准确可靠,达到不脏、不松、不渗漏。

(2) 一级保养作业(500±24h):

1) 执行例保作业内容。

2) 清洗泵进口过滤器,清理滤网及滤缸内壁;清洗水表,检查水表完好、灵敏;检查泵进、排液阀密封面,光滑、无毛刺、无裂纹。

3) 检查密封函体内铜压帽、导向环、填料的磨损,达不到要求的要及时更换。

4) 观察油质无异常颜色,清洗曲轴箱呼吸器内壁及滤网;清洗机油标尺看窗;清洗机油泵进口滤网、管路,清洗机油泵滤杯内壁及滤网;调整机油泵压力在 0.2~0.4MPa。

5) 检查紧固传动部位螺栓完好。

6) 检查进出口流程及阀门,需要更换的应立即进行更换。

7) 电工检查电动机、控制电柜、电路、变频器元件以及保护装置,及时更换调整接触不良或老化的电器元件。

(3) 二级保养作业(1500±48h):

1) 执行一级保养作业内容。

2) 取润滑油样进行化验,按质换油;清洗曲轴箱内壁,清洁箱底部杂物。

3) 检查调整连杆大头轴瓦的径向间隙 0.09~0.15mm;打开轴瓦,检查瓦片表面磨损、腐蚀情况,不符合要求的要及时更换;检查曲轴轴颈轻微磨损进行研磨，出现手感痕迹，要更换曲轴；检查两侧轴承光滑完好，出现坑蚀现象应及时更换；检查连杆螺栓，出现丝扣损伤或轻微变形，应及时更换；更换锁片，锁片不可连续使用。

4）检查十字头销与连杆衬套的径向间隙不大于 0.15mm，检查调整曲轴与轴承端盖的轴向间隙不超 0.15～0.25mm。

5）检查填料函内壁腐蚀，检查柱塞、拉杆磨损，检查压紧密封圈和密封垫的老化情况，检查油封的磨损情况，检查进排液阀、压簧、阀片等，更换老化损坏部位。

6）检查电机的绝缘电阻符合要求，两侧轴承加注二硫化钼润滑油脂。

7）安全阀试压达到正常开启，测量修正水表误差。

8）使用扭力扳手对固定和连接端螺栓螺帽按力矩要求逐一扭紧。

9）对锈蚀部位，进行防腐处理。

10）配齐修补缺损附件。

11）安全警示标志喷绘齐全。

第五节　化学浆液注浆泵

一、化学注浆泵的特点及应用范围

1. 特点

（1）机体体型较小，质量小，机械性能好，携带省力移动方便。

（2）能有效地填充堵塞混凝土结构中的微裂隙，微孔隙等。

（3）可在短时间内达到较高工作压力，工艺先进、省时、省力、效率高。

（4）配套使用材料范围广泛，技术可靠、结构合理、使用安全。

（5）对各种缝隙渗漏、蜂巢渗漏、地下涌水，能直接带水注浆堵漏。浆液可有效注到裂缝深处。

（6）保养简单、维修方便、坚固耐用、清洗方便。

2. 适用范围

（1）各种建筑物与地下混凝土工程的裂缝、伸缩缝、施工缝、结构缝的堵漏密封。

（2）水利水电工程的水库坝体灌浆，输水隧道裂缝堵漏、防渗，坝体混凝土裂缝的防渗补强。

(3) 地铁、隧道、涵洞、污水处理池、混凝土裂缝渗漏水注浆处理。

(4) 地下室、地下车库、地下通道、混凝土裂缝渗漏水注浆处理。

(5) 屋面混凝土板裂缝、穿墙管、墙角、渗漏水注浆处理。

二、气动无级调速注浆泵

气动无级调速注浆泵采用压缩空气为动力源，利用气缸和注浆缸具有较大的作用面积比，从而以较小的气压便可以使缸体产生较高的注射压力。具有出浆压力高、排量大、质量小便于移动，使用维护方便的特点。

适用于矿井、隧道、水利、地铁、建筑、桥梁等施工地点的注浆堵水、填充空隙、加固破碎岩层等工程。

其结构如图 2-14、图 2-15 所示。

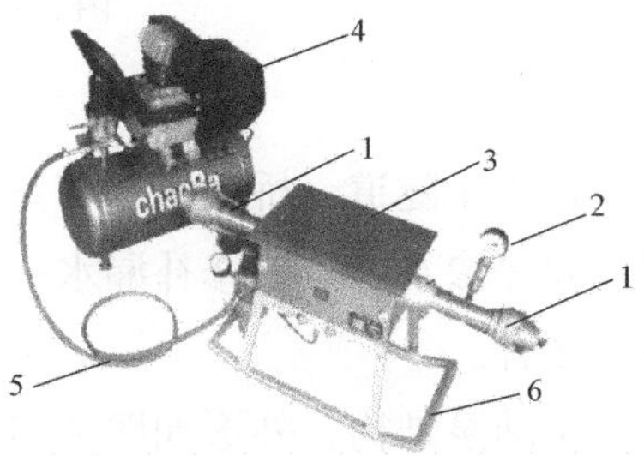

图 2-14 气动无级调速注浆泵

1—泵缸；2—压力表；3—气；4—空压机；5—连接气管；6—支撑底座

三、电动无级调速注浆泵

电动无级调速注浆泵是一种用于结构高压化学灌浆，使用单液化学灌浆材料的专业机器，有超高压力不需气压源。具有便于移动、携带和维修的特点；泵体采用特殊钢材，不受材料腐蚀；配套使用材料范围广泛，聚氨酯，环氧树脂，丙烯酸树脂等无颗粒状低黏度浆液材料均可使用。

适用于各种建筑物与地下混凝土工程的裂缝、伸缩缝、施工缝、结构缝的堵漏密封；地质钻探工程的钻井护壁堵漏加固；水利水电工程的水库坝体灌浆，输水隧道裂缝堵漏、防渗，坝体混凝土裂缝的防渗补强；屋面混凝土板裂缝、穿墙管、墙角、渗漏水，带水堵漏；混凝土构筑物、梁、柱、板结构裂缝，高压注射环氧树脂。

其结构、外形如图 2-15、图 2-16 所示。

四、手动泵

手动泵是一款不需要电源和气源提供动力的便携式灌浆器具，可满足低压灌注要求，被广泛应用于各类灌浆堵漏工程。具有成本低，效率高，体积小，易携带，适用材料广泛（水泥聚合物或液体材料），结构简单，易清洗，易维修的特点。

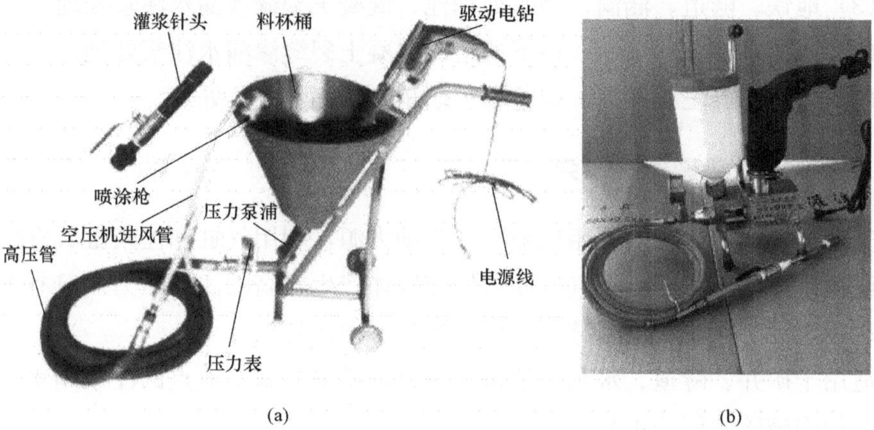

图 2-15　电动无级调速注浆泵

(a) 结构；(b) 外形

适用于隧道、桥梁、地下室、矿井等工程的堵漏加固；建筑物天面、窗台、卫生间等渗水部位的修补漏水；以及用于环氧树脂、聚氨酯、水泥灌浆料的各种灌浆场合。

手动泵结构、外形如图 2-16 所示。

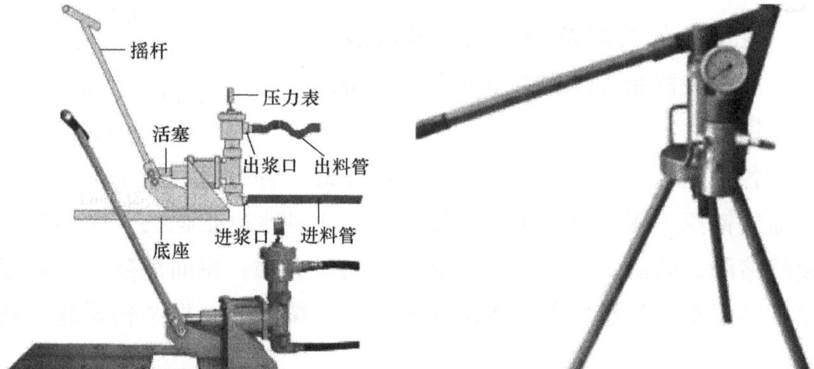

图 2-16　手动注浆泵外形及结构

(a) 结构；(b) 外形

五、齿轮泵

齿轮泵是依靠泵缸与啮合齿轮间所形成的工作容积变化和移动来输送液体或使之增压的回转泵。由两个齿轮、泵体与前后盖组成两个封闭空间，当齿轮转动时，齿轮脱开侧的空间的体积从小变大，形成真空，将液体吸入，齿轮啮合侧的空间的体积从大变小，而将液体挤入管路中去。吸入腔与排出腔是靠两个齿轮的啮合线来隔开的。齿轮泵的排出口的压力完全取决于泵出口处阻力的大小。齿轮泵外形如图 2-17 所示。

图 2-17　齿轮泵外形

优点：结构简单紧凑、体积小、质量轻、工艺性好、价格便宜、自吸力强、对油液污染不敏感、转速范围大、能耐冲击性负载、维护方便、工作可靠。

缺点：径向力不平衡、流动脉动大、噪声大、效率低、零件的互换性差、磨损后不易修复、不能做变量泵用。

思考题

1. 注浆泵选择的基本原则有哪些？
2. 往复式注浆泵的结构组成有哪些部件？
3. 试说明泵排液管路上为什么必须安装安全卸荷阀？
4. 泵达不到额定工作压力的故障原因有哪些？
5. 螺杆泵的特点有哪些？
6. 双液注浆泵的特点及用途有哪些？
7. 化学注浆泵有哪些类型？

实训题

1. 现场拆卸并安装往复式注浆泵。
2. 现场拆卸并安装螺杆注浆泵。
3. 现场操作并维护膏浆或砼输送泵。

第三章　制浆机械设备

第一节　全自动制浆站

1. 特点和适用范围

全自动制浆站，可以实现进水、进灰、称重、搅拌及出浆等全过程自动操作，动作连续、称重准确，并实现无人自动制浆。由于采用封闭式的进灰系统，可大大改善现场的工作环境。它具有以下特点：

（1）可全自动配制两种或多种配料组成的浆液，实现快速均匀搅拌，可随时记录配料用量，浆液量并打印参数，确保施工所需浆液配合比准确、稳定、可靠。

（2）适应范围广，可配制水泥浆与黏土浆等各种细颗粒浆液。

（3）既可实现全自动连续制浆，也可以根据需要实现手动控制制浆，还可根据用户需要调整运行程序，整个系统真正做了操控自如。

（4）制浆能力有 4～12m^3/h 多种型号可供用户选择，还可通过调整运行程序，在同一制浆站中对制浆能力作一定范围的调整，使制浆量与浆液需求量相适应。

（5）水泥浆配合比最小可为 0.5∶1（水灰比），称重误差小于 1%，最长水平输浆距离达 50m。

（6）性能好、价格低，适用于各类大、中、小型工程制配浆液的要求。

全自动制浆站适用于大、中、小型工程的各种胶质浆液准备要求，包括地基、隧道、煤矿、大坝基础、土壤和岩石灌浆、防水工程、锚固和后张。

2. 组成及结构形式

以长沙融科环境工程机械有限公司生产的 ZJ 系列为例：

全自动制浆站由电子称重传感器及控制显示仪表、制浆搅拌桶、循环泵、底座、自动控制阀、螺旋送料机、储料罐（用户自配）、供水箱及泵（用户自配，也可根据自身情况自配或选配供水管和电磁阀）、控制仪表柜等组成。其整体结构及外形见图 3-1、图 3-2。

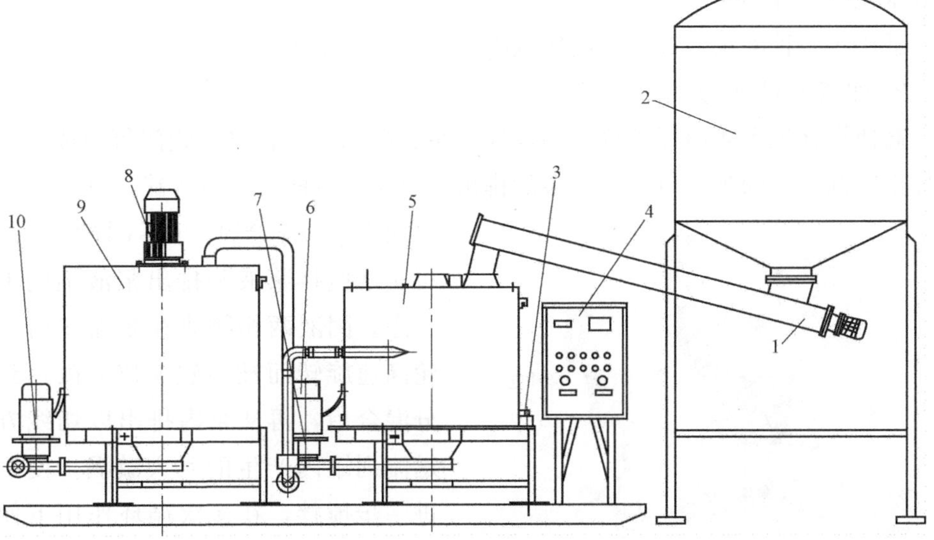

图 3-1　全自动制浆站结构

1—送料系统；2—储灰罐；3—称重系统；4—控制系统；5—制浆机；6—高速搅拌泵；7—控制阀；8—搅拌器；9—储浆桶；10—输出泵

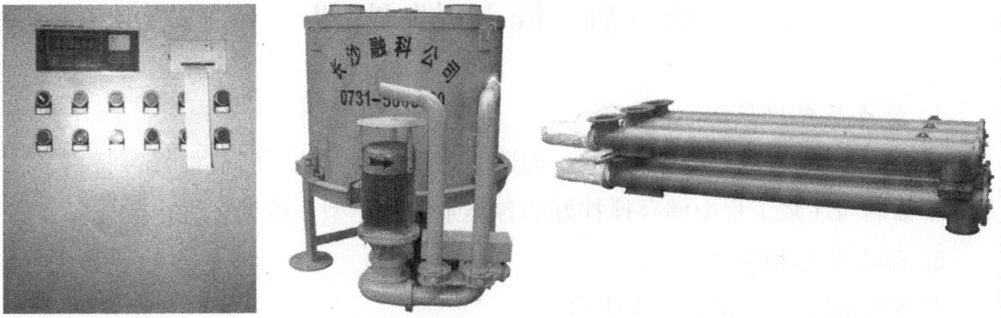

(a)　　(b)　　(c)

图 3-2　全自动制浆站外形

（a）全自动制浆站；（b）控制系统；（c）螺旋送灰机（配套）

第二节　高速搅拌机

1. 特点和适用范围

在锚固与注浆工程中，水泥浆液是应用最早和最广泛的主要灌浆材料。而高速搅拌机是用于搅拌水泥浆液的专用设备，它同时也可用于搅拌膨润土浆及带有一定粒径（$d \leqslant 5$mm）的浆液。它具有高转速剪切、搅拌功能，能保证浆体颗粒充分水化及搅拌均匀。

适用于各种灌浆、锚固、高压旋喷、搅拌桩施工等的制浆。

2. 组成及结构形式

高速搅拌机主要由搅拌罐、高速搅拌泵、电动机、管路和阀门等组成。其中搅拌罐底部与泵的吸入口相连，泵的排出管以切线方向连接搅拌罐，并在其中安置两个旋塞，当打开不同的旋塞时，可实现搅拌浆液和排出浆液不同工作状态。固液两相物质在泵壳内由于叶轮高速旋转而被强烈搅拌分散达到充分混合后，再从泵内排出以切线方向返流到罐内产生的巨大漩涡，使浆液进一步搅拌，在多次循环作用下使浆液具备良好的流变性能及稳定性，由此而搅拌成浆液。其结构见图 3-3。

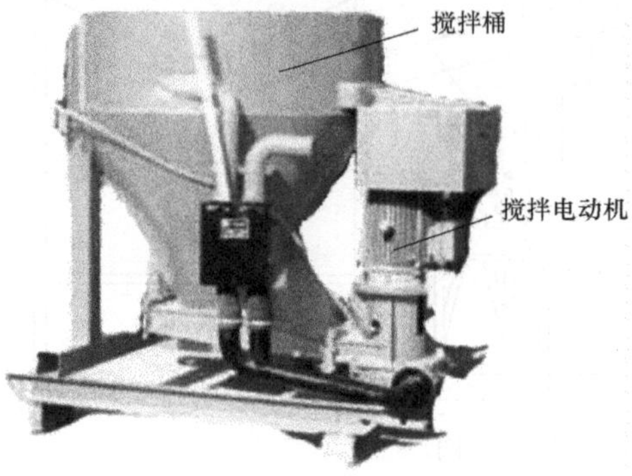

图 3-3　高速搅拌机结构

第三节　低速搅拌机

1. 特点及应用范围

低速搅拌机，具有搅拌转速低，构造简单，安装方便，经济性好等特点。主要用于锚固与注浆工程中储存搅拌好的各类浆液或小型非重要工程中搅拌浆液。

2. 组成及结构形式

组成及结构形式如图 3-4 所示。

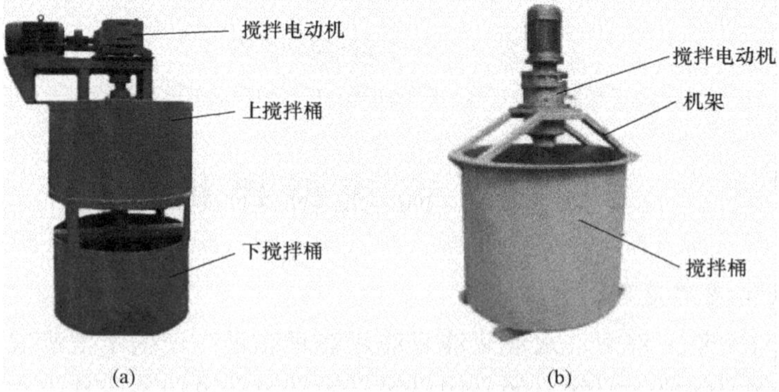

图 3-4　低速搅拌机结构

(a) 双桶低速搅拌机；(b) 单桶低速搅拌机

第四节　砂浆搅拌机

1. 特点和适用范围

砂浆搅拌机具有以下特点：

（1）一般砂浆搅拌机为立式及卧式两种，结构简单，使用寿命长，安装维修方便，且有多种搅拌器结构，可用于多种材料的混合。

（2）混合速度快，混合均匀度较高，更适应稠状、糊状浆液的混合。

（3）卧式机体可以设有活动门，以便供用户清洗。

砂浆搅拌机是锚固与注浆工程中回填灌浆、砂浆锚杆注浆等工程中常用的搅拌设备。

2. 组成及结构形式

砂浆搅拌机结构见图3-5。

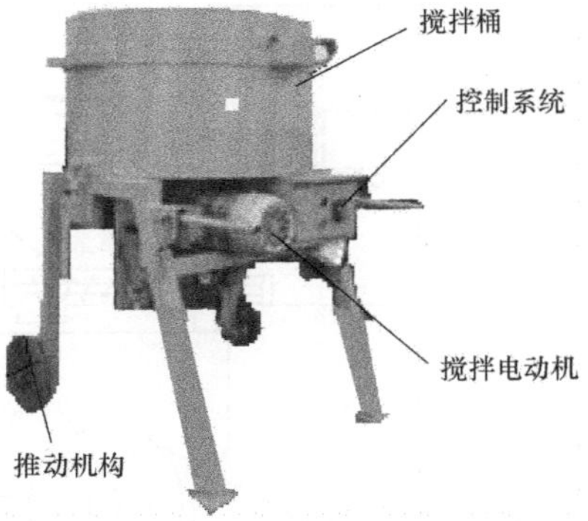

图3-5　砂浆搅拌机结构

第五节　黏土制浆机

1. 特点和应用范围

湖南宏禹工程集团有限公司下属子公司长沙融科环境工程机械有限公司研制成功的新型制造黏土浆的专用设备，已在多个工程中得到成功应用。该设备具有以下特点：

（1）综合了破碎机、搅料机、制浆机的功能，集粉碎、搅拌、制浆、渣土分离与过滤于一体。

（2）采用了多种机械传动，传动可靠，结构简单紧凑，易损件廉价且更换快捷方便，维保容易并且成本低。

（3）具有连续制浆功能。

（4）碎土机构的转速连续可调，适合不同制浆量的要求。

（5）所制浆液密度范围广，浆液细度小且均匀。

（6）整个制浆过程全密封，较大程度减小了制浆占用场地，实现了环保、节能、高效，制浆质量可靠均匀，与传统制浆相比，黏土浆配制稳定，且大大提高了制浆效率。

黏土复合制浆机可广泛用于各类注浆工程中制配黏土浆液，也可用于煤矿、石油开采、钻井和井下充填等工程中制造黏土浆用。

2. 组成及结构形式

黏土复合制浆机综合了破碎机、搅料机、制浆机的功能，集粉碎、搅拌、制浆、渣土分离与过滤于一体，其结构见图 3-6，外形见图 3-7。

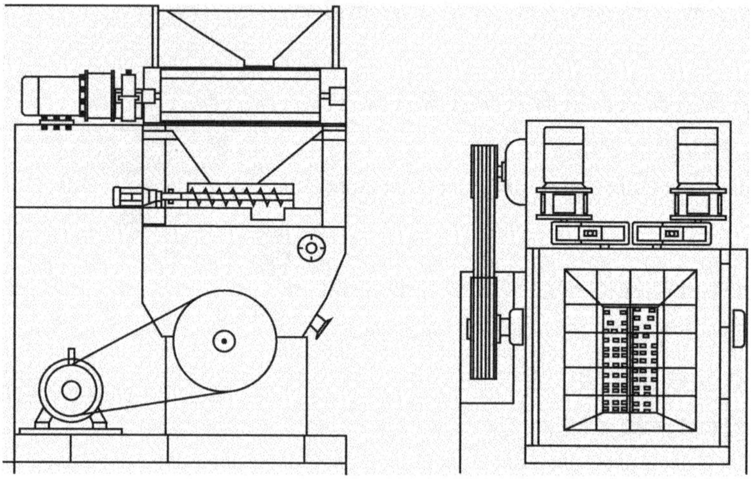

图 3-6　黏土复合制浆机结构

1—料斗；2—搅拌机；3—送料机；4—粉碎机

图 3-7　黏土复合制浆机外形

第六节　膏浆搅拌机

1. 特点和应用范围

湖南宏禹工程集团有限公司下属子公司长沙融科环境工程机械有限公司研制成功的膏浆搅拌机，已在多个工程中得到应用。该设备具有以下特点：

（1）使一种或两种以上的成分，在浆桶中快速强力搅拌混合，制备成均匀稳定的膏状浆液。

（2）一次搅拌量≤1000L。

（3）搅拌机结构简单、方便。

（4）搅拌叶与桶可即时分离。

（5）搅拌机既能完成常规水灰比浆液的搅拌，又能满足后期搅拌膏浆的要求。膏浆搅拌机可广泛用于各类锚固与注浆工程中搅拌制配膏浆。

2. 组成及结构形式

膏浆搅拌机组成及结构见图3-8。

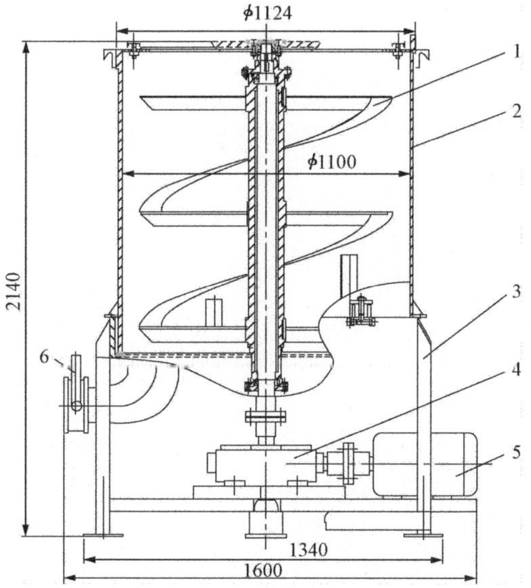

图3-8　膏浆搅拌机结构

1—双螺带式螺旋搅拌器；2—搅拌桶；3—机架；4—涡轮蜗杆减速机；

5—搅拌电动机；6—手动出浆蝶阀

思考题

1. 全自动制浆站主要由哪些结构部件组成?
2. 制浆时，为什么要采用高速制浆机?
3. 膏浆搅拌机的特点有哪些?

实训题

1. 现场安装自动制浆站系统。
2. 现场采用高速制浆机制备浆液。
3. 现场熟悉了解黏土复合制浆机及膏浆制浆机结构特点。

第四章　动　力　机　械

第一节　三相异步电动机的结构

三相异步电动机的结构：三相异步电动机主要由固定不动的定子和旋转的转子两个基本部分组成。这两部分之间由气隙隔开。图 4 - 1 所示的是三相鼠笼式异步电动机结构。

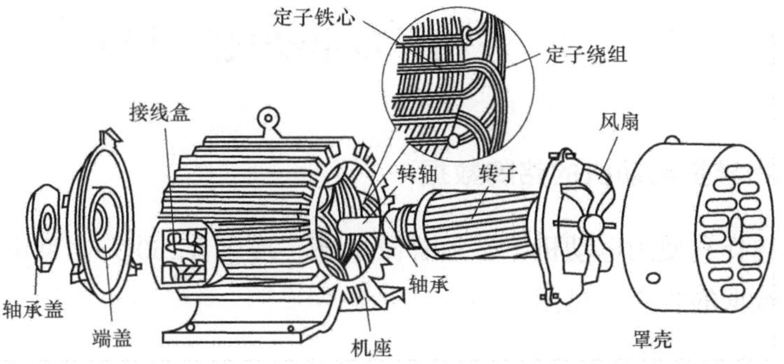

图 4 - 1　三相鼠笼式异步电动机结构

定子主要由机座、定子铁心和定子绕组组成。机座是用铸铁或铸钢制成的，作用是用来固定和防护电机的。

铁心是电动机磁路的组成部分，为减小涡流，一般由相互绝缘的硅钢片叠压而成。铁心的内圆周表面冲有槽孔，用以放置定子绕组（见图 4 - 2）。

定子绕组是定子中的电路部分。中、小型电动机一般采用高强度漆包线绕制。三相异步电动机的绕组共有六个出线端，每相绕组的首端 U1、V1、W1 和末端 U2、V2、W2 通常接到机座的接线盒上。根据电源电压和电动机绕组的电压额定值，把三相绕组接成星形如图 4 - 3（a）或接成三角形如图 4 - 3（b）。

转子主要由转子铁心、转子绕组和转轴三个部分组成。转子铁心也是电动机磁路的一部分，同样是由互相绝缘的硅钢片叠压而成的圆柱体，其外圆周表面冲有槽孔，以便放置转子绕组。转子绕组根据构造不同分成两种形式：鼠笼式和绕线式（滑环式）。

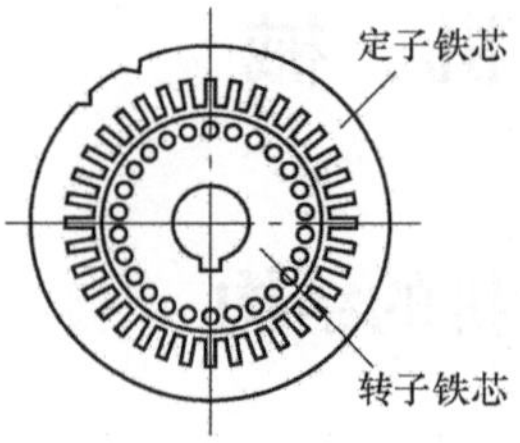

图 4-2　定转子铁芯片

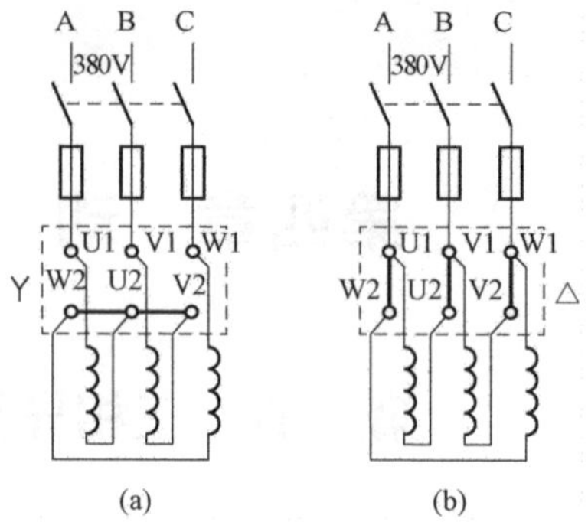

图 4-3　定子线圈的星形和三角形接法
(a) 星形连接；(b) 三角形连接

第二节　三相异步电动机的使用

一、三相异步电动机的铭牌数据

要正确选择和使用电动机，必须看懂铭牌。现以 Y160L-4 型电动机为例说明铭牌各个数据的含义（见图 4-4）。

三相异步电动机

型号Y160L-4　电流30.3A　接法△
功率15kW　转速1460r/min　工作方式　连续
电压380V　功率因数0.85
频率50Hz　绝缘等级B
年　月　编号　××电机厂

图 4-4　Y160L-4 型电动机铭牌

1. 型号

为了适应不同用途和不同工作环境的需要，电动机制成不同的系列，每种系列用各种型号表示。型号说明，例如

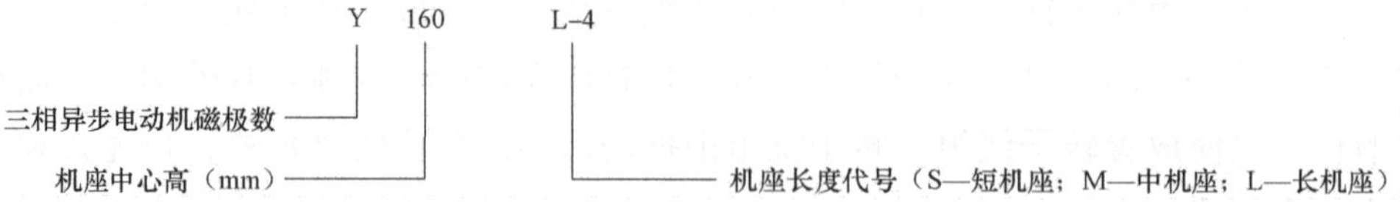

各类电机的主要产品代号及其汉字意义可参阅有关手册。

2. 额定电压

额定电压是指定子绕组上应施加的线电压。功率在 3kW 以下异步电动机通常有 380V 和 220V 两种额定电压，写成 380/220V，相应的接法也有两种，即 Y/△。当电源线电压为 380V 时，定子绕组应接成星形；当电源线电压为 220V 时，定子绕组应接成三角形。电动机功率在 3kW 以上时，额定电压一般规定为 380V，定子绕组工作时接成三角形。

3. 额定电流

电动机额定运行时，定子绕组的线电流称为额定电流。若定子绕组有星形和三角形两种接法时，相应的有两种额定电流数值。

4. 额定功率

电动机在额定电压下运行，当电流达到额定值时，轴上输出的机械功率即为额定功率。

5. 额定转速

电动机在额定运行时的转速称为额定转速，单位为 r/min。

6. 额定功率因数

额定功率因数指的是额定运行时定子绕组每相电路的功率因数。异步电动机空载时的电流主要用于产生磁场，所以功率因数很低，约为 0.2，满载时的功率因数约为 0.7～0.9。

7. 工作方式

电动机的工作方式根据发热条件分为三种基本方式：连续运行、短时运行和断续运行。

8. 绝缘等级

绝缘等级是按电动机绕组采用的绝缘材料在使用时容许的极限温度来分级的。常用绝缘材料的级别及其最高容许极限温度见表 4 - 1。

表 4 - 1　绝缘等级及极限温度

绝缘等级	A	E	B	F	H
极限温度（℃）	105	120	130	155	180

二、三相异步电动机的启动

1. 启动性能

电动机从接通电源到正常运行的过程叫做启动过程，简称启动。

对三相电动机启动的要求是：启动电流小，启动转矩大，启动时间短。电动机刚接通电源瞬间，定子旋转磁场对静止转子有很大的相对转速，转子感应电动势和转子电流都很大，定子电流也很大。此时的电流称为启动电流（I_{st}）。三相异步电动机的启动电流约为额定电流的5～7倍。由于启动过程较短，启动电流对电动机本身危害并不大，但大的启动电流会引起线路电压降低，影响同一线路上的其他电气设备的正常工作，如日光灯的明显闪烁等。另外对频繁启动的三相异步电动机，每次启动后都有余热积累，这样，还有过热的危险。因此，必须设法减小启动电流。

三相异步电动机刚启动时，启动电流虽大，但由于$\cos\varphi_2$很低，启动转矩并不大。一般情况下，三相异步电动机的启动转矩约为额定转矩的1～2.2倍。

2. *启动方法*

鼠笼式三相异步电动机的启动有直接启动和降压启动两种方法。

（1）直接启动：直接启动又称全电压（或满压）启动，它是采用闸刀开关或接触器把电动机直接接到额定电压的三相电源上并进行启动。此启动方法最简单，投资少，启动时间短，启动可靠，但启动电流大，是否可采用直接启动，取决于电源的容量及启动频繁的程度。

（2）鼠笼式三相异步电动机的降压启动：启动时降低三相异步电动机定子绕组上的电压，在启动过程结束后再恢复到全电压运行，此种启动方法称为降压启动。其主要优点是能减小启动电流。鼠笼式三相异步电动机经常采用的降压方法主要有两种：

1）Y—△降压启动：Y—△降压启动，设备简单，成本低，操作方便，动作可靠，使用寿命长。目前4～100kW的三相异步电动机均设计成额定电压为380V，接法采用三角形连接。因此，此启动方法得到广泛应用。三相异步电动机正常工作时，定子绕组如果是三角形接法，则在三相异步电动机启动时，先接成星形（Y）等转速接近额定值时，再换接成三角形。实际上，这种换接启动可采用星—三角启动器来实现。图4-5就是星—三角启动器的接线原理图。在启动时，先将手柄向右旋，使图中右面的动触点与静触点相连，把电动机接成星形。当电动机接近额定转速时，再将手柄向左旋，使图中左面的动触点与静触点相连，电动机接成三角形连接。采用这种方法启动时，加在定子绕组上的相电压是电源线电压的$1/\sqrt{3}$倍，使启动时的线电流减小，只有直接启动时的1/3。其启动转矩也只有直接启动时的1/3。因此这种方法只适用于轻载或空载时的启动。

2）自耦降压启动：自耦降压启动是利用三相自耦变压器将电动机在启动过程中的端电压降低，其接线图如图 4－6 所示。启动时，先把开关 Q2 扳到“启动”位置。当转速接近额定值时，再将 Q2 扳向“工作”位置，切除自耦变压器，使定子绕组在额定电压下运行。自耦变压器备有抽头，以便得到不同的电压（例如为电源电压的 40%，60%，80%），根据对启动转矩的要求而灵活选用。注意这里的百分数不是变压比，而是变压比的倒数。自耦变压器降压启动适用于容量较大的或正常运行时联成星形不能采用星—三角启动器的鼠笼式三相异步电动机。

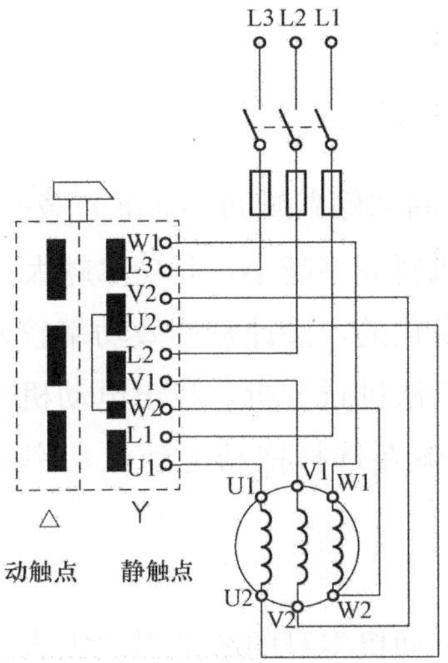

图 4－5　Y—△启动器接线

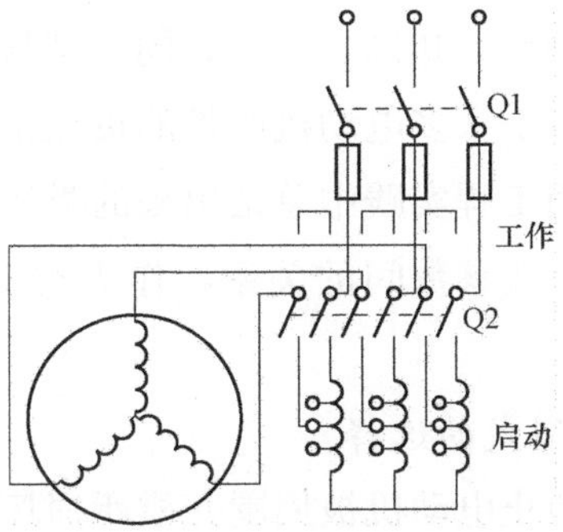

图 4－6　自耦降压启动接线

第三节　三相异步电动机的选择

在生产上，广泛应用三相异步电动机。根据生产机械的要求和使用场所的条件正确选择电动机，对保证生产设备的可靠运行，达到合理的经济技术指标是非常重要的。电动机的选择内容包括种类、型式、额定电压、转速、容量及各项性能，其中以选择额定容量为最重要。

1. 容量选择

电动机的容量（功率）决定于它所拖动的生产机械的工作方式和所需的功率。电动机的容量应大于负载的功率。但容量过大，将使电动机的功率因数和效率降低，不经济。如容量过小，电动机将长期过载，不能正常工作，甚至烧坏。

(1) 连续工作的电动机：选择容量时，先计算出生产机械的功率。所选电动机的额定功率应等于或略大于生产机械的功率。

(2) 短时工作的电动机：其工作时间短，停机时间长，为了充分利用电动机的容量，允许电动机短时过载。通常根据过载系数来选择短时工作电动机的功率。电动机的额定功率可以是生产机械所要求功率达 $1/\lambda_m$。

(3) 断续工作的电动机：其工作与停歇是交替进行的。选择这类电动机时应考虑工作时间与停歇时间的相对长短。常用暂载率 ε 来表示。暂载率 ε 达表达式为

$$\varepsilon=\frac{t_W}{t_W+t_\varepsilon}\times 100\%$$

式中，t_W、t_ε分别是一个工作周期中的工作时间和停歇时间。标准暂载率有 4 种，15%、25%、40%、60%。同一型号的电动机暂载率越小，其功率越大。

实际上很多电动机所带的负载是随时间变化的，要计算等效功率较繁杂、困难，常用工程实践中总结出来的类比、统计方法进行分析，找出电动机功率与生产机械主要参数间的关系，作为类似生产机械在选择拖动电动机功率时的主要依据。

2. 型式的选择

为防止电动机被周围介质所损坏，或因电动机本身的故障引起灾害，必须根据具体的环境选择适当的保护型式。电动机常见的防护型式有开启式（适用于干燥清洁环境）、防护式（适用于较干燥、灰尘不多、无腐蚀性、爆炸性气体的场合）和封闭式（适用于多尘、水土飞溅场合）和防爆式（适用于石油、化工、煤矿及其他有爆炸气体的场所）四种。

3. 电压和转速的选择

(1) 电压选择：Y 系列低压异步电动机的额定电压只有 380V 一种。

(2) 转速选择：电动机的额定转速是根据生产机械的要求选定。通常电动机转速不低于 500r/min。因为当功率一定时，电动机的转速愈低，则其尺寸愈大，价格愈贵，而且效率也较低。反之，若选用高速电动机，虽然效率提高了，但机械减速机构的传动比势必增大，使传动机构复杂了。

最后还需对电动机进行发热、过载能力、启动能力的校核。

第四节　柴油机的结构和工作原理

柴油机总体结构一般由曲柄连杆机构、配气机构、燃油供给系统等组成，由于汽缸数、汽缸排列和冷却方式等不同，因此各种机型结构上略有差异。柴油发电机结构如图 4-7 所示。

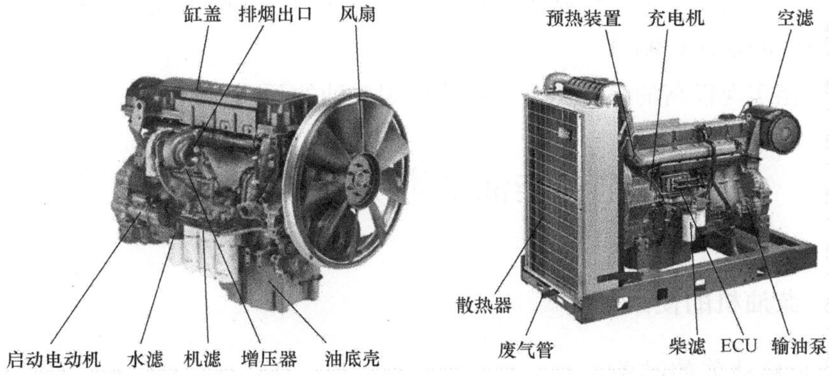

图 4-7　柴油机结构

柴油发动机的工作过程其实跟汽油发动机是一样的，每个工作循环也经历进气、压缩、做功、排气四个冲程。

柴油机在进气行程中吸入的是纯空气。在压缩行程接近终了时，柴油经喷油泵将油压提高到 10MPa 以上，通过喷油器喷入气缸，在很短时间内与压缩后的高温空气混合，形成可燃混合气。由于柴油机压缩比高（一般为 16～22），所以压缩终了时气缸内空气压力可达 3.5～4.5MPa，同时温度高达 750～1000K（而汽油机在此时的混合气压力会为 0.6～1.2MPa，温度达 600～700K），大大超过柴油的自燃温度。因此柴油在喷入气缸后，在很短时间内与空气混合后便立即自行发火燃烧。气缸内的气压急速上升到 6～9MPa，温度也升到 2000～2500K。在高压气体推动下，活塞向下运动并带动曲轴旋转而作功，废气同样经排气管排入大气中。

普通柴油机的供油系统是由发动机凸轮轴驱动，借助于高压油泵将柴油输送到各缸燃油室。这种供油方式要随发动机转速的变化而变化，做不到各种转速下的最佳供油量。

共轨喷射式供油系统由高压油泵、公共供油管、喷油器、电控单元（ECU）

和一些管道压力传感器组成，系统中的每一个喷油器通过各自的高压油管与公共供油管相连，公共供油管对喷油器起到液力蓄压作用。工作时，高压油泵以高压将燃油输送到公共供油管，高压油泵、压力传感器和 ECU 组成闭环工作，对公共供油管内的油压实现精确控制，彻底改变了供油压力随发动机转速变化的现象。其主要特点有以下三个方面：

（1）喷油正时与燃油计量完全分开，喷油压力和喷油过程由 ECU 适时控制。

（2）可依据发动机工作状况去调整各缸喷油压力、喷油始点、持续时间，从而找到喷油的最佳控制点。

（3）能实现很高的喷油压力，并能实现柴油的预喷射。

第五节　柴油机的使用和维护保养

一、柴油机的使用

（一）启动前的准备

（1）检查油底中的机油面，应在油标尺上、下标记之间。

（2）检查冷却系统，加足冷却水。

（3）检查燃油箱中的存油量。

（4）打开燃油开关，使柴油流向输油泵，并排除燃油系统内的空气。

（5）检查蓄电池充电是否充足。

（二）启动

启动前的准备工作完成并确认符合要求后，才可以启动柴油机。启动时离合器应脱开，按以下步骤进行：

（1）将油门操纵手柄置于较大供油位置。

（2）将减压手柄扳至减压位置（在夏季或柴油机未长时间停车时，亦可不用减压）。直喷柴油机油机无减压装置，不需减压。

（3）顺时针转动电路钥匙开关，接通电路。

（4）按下启动开关，待启动电机带动曲轴转动较快后，将减压手柄扳至原位，即可启动柴油机。

（5）当环境温度较低时，带预热塞的机器可采用预热启动方式：①执行（1）、（2）、（3）；②将钥匙开关转至“预热”位置。如果装用电热塞，停留 40～50s；③执行（4）。

注意事项：

(1) 每次启动时间不应超过 5s，以保护启动电动机和蓄电池。如需连续启动，应停歇 2min 后再行启动。如果连续三次不能启动，则应查明原因，排除故障后再行启动。

(2) 柴油机启动后，将油门操纵手柄置于怠速位置。将电路钥匙开关逆时针转动至充电位置。

(3) 启动后应立即检查机油压力。怠速时机油压力不得低于 0.05MPa。保养机油滤清器后，在启动柴油机 5min 后，应停机并等 15min 待机油流回油底再检查机油油面，必要时添加机油至规定油面。

(三) 运转

(1) 柴油机启动后，不应立即进行全负荷运转。应当一次使柴油机在低转速时空载运转加热，待冷却水温度达到 60℃后，才允许提高到最高转速和投入满负荷运行。

(2) 柴油机运行时，应当缓慢增减转速和负荷。一般情况下，不允许骤增和突降。

(3) 柴油机在运行中，应随时注意油压、油温、冷却水温度，充电电流等仪表指示。并应注意观察排气烟色，倾听内部声音，如发现有过热、冒黑烟、敲击声及其他异常现象时，应及时停车检查予以排除。不允许柴油机带故障工作，以免零部件遭受意外损坏。

(4) 柴油机运行中，应经常注意油路、水路连接处的密封情况，如发现泄露，应及时排除，以防浪费和污染环境。

(5) 新的或大修后的柴油机，在运转 60h 后，才允许全负荷运行。

(6) 不要使柴油机长时间在怠速下运行。

(7) 喷油泵出厂前已经调整好，用户不得随意变动，如需调整，必须在喷油泵实验台上进行。

(四) 停车

(1) 柴油机停车前，应先卸去负荷，逐渐降至怠速，待水温降至 70℃以下时，向后扳动停车手柄，即可停车。停车后应取下开关钥匙，关闭燃油箱阀门。

(2) 严禁在水温过高时骤然停车。

(3) 不允许用关闭燃油箱阀门的方法停车，一般情况下，不要用减压方法停车，以免损坏气门。

(4) 气温低于+5℃时，若不使用防冻液，应放净冷却水，以防冻裂机体和水泵。

（5）每次停机后应及时排除运行期间发现的故障，并进行必要的检修。

（6）柴油机如不继续使用，必须做好清洁工作，并进行必要的油封，以防生锈。

（五）安全技术操作规程

（1）不懂使用操作技术的人员，不允许开动柴油机。

（2）未做好起动前的准备工作，不允许开动柴油机。

（3）注意防火。明火不得靠近正在工作的柴油机。柴油机在易燃品场合工作时，应在排气管上加装灭火装置。

（4）不允许柴油机长时间带故障工作。严禁柴油机在无油压、油压过低、内部有异响声时运转。遇到上述情况应紧急停车。

（5）柴油机一旦发生飞车，应立即扳动停车手柄停车检修，如停车手柄失灵，可采用减压方法或堵住进气口使柴油机停车。

二、柴油机的维护保养

1. 日常养护

日常养护项目及程序见表4-2。

表4-2　　日　常　养　护

序号	保养项目	进　行　程　序
1	检查燃油箱燃油量	观察燃油箱存油量，根据需要添足
2	检查油底壳中机油平面	油面应达到机油标尺
3	检查喷油泵调速器机油平面	油面应达到机油标尺上刻线标记，不足时，应加到规定量
4	检查三漏（水、油、汽）情况	消除油、水管路接头等密封面的漏油、漏水现象；消除进、排气管、气缸盖垫片及涡轮增压器的漏气现象
5	检查柴油机各附件安装情况	各附件安装的稳固程度，地脚螺钉及工作机械连接的牢靠性
6	检查各仪表	观察读数是否正常，否则应及时修理或更换
7	检查喷嘴传动连接盘	连接螺钉是否松动，否则应重新校喷油提前角并拧紧连接螺钉
8	清洁柴油机及附属设备外表	用干布或浸柴油的抹布擦去机身、涡轮、增压器、气缸盖罩壳、空气滤清器等表面上的油渍、水和尘埃；擦净或用压缩空气吹净充电发电机、散热器、风扇等表面上的尘埃

2. 一级技术保养

一级技术保养见表4-3。

表4-3　　一级技术保养（连续工作100h）

序号	保养项目	进　行　程　序
1	检查蓄电池电压和电解液密度	用密度计测量电解液密度，此值为1.28～1.38，环境温度为20℃时，一般不低于1.27，同时液面应高于极板10～15mm，不足时，应加注蒸馏水
2	检查三角带的张紧程度	检查和调整皮带松紧程度，按说明书中讲述方式调整
3	清洗吸油泵吸油粗滤网	拆开机体大窗口盖板，拆开粗滤网弹簧锁片，拆下滤网板在柴油中清洗，然后吹净
4	清洗空气滤清器	惯性油浴式空气滤清器，应清洗钢丝绒滤器，更换机油盆或空气滤清器，应清除集尘盘上的灰尘，对纸质滤芯按说明书进行保养
5	清洗通气管内的滤芯	将机体门盖板加油管中的清洗吹净，浸上机油后装上
6	清洗柴油滤清器	每隔200h左右，拆下滤芯和壳体，在柴油或煤油中清洗或换芯子，同时应排除水分和沉淀物
7	清洗机油滤清器	一般每隔200h进行，清洗绕线或粗滤器滤芯，对刮片式滤清器，转动手柄清除滤芯表面油污，或放在柴油中刷洗，将滤芯或清滤器转子放在柴油或煤油中清洗
8	清洗涡轮增压器的机油滤清器及进油管	将滤芯及管子放在柴油或煤油中清洗，然后吹干，以防止被灰尘和杂物玷污
9	更换油底壳中的机油	根据机油使用状况（油的脏污和黏度降低程度）每隔200～300h更换一次
10	加注润滑油和润滑脂	对能有注油嘴及机械式转速表接头等处，加注符合规定的润滑脂或机油
11	清洗冷却水散热器	用清洁的水通入散热器中，清除其中沉淀物质至干净为止

3. 二级技术保养

二级技术保养见表4-4、表4-5。

表 4-4　　二级技术保养（连续工作 500h）

序号	保养项目	进　行　程　序
1	检查喷油器	检查喷油压力，观察喷雾情况，进行必要的清洗和调整
2	检查喷油泵	必要时重新调整
3	检查气门间隙，喷油提前角	必要时重新调整
4	检查进、排气门的密封情况	拆下气缸盖，观察配合锥面的密封、磨损情况，必要时研磨修理
5	检查水泵漏水情况	如溢水口滴水成清时，应调换封水圈
6	检查气缸套封水圈的封水情况	拆下机体大窗口盖板，从气缸套下端检查是否有漏水现象，否则应拆出气缸套，调换新的橡胶封水圈
7	检查传动机构盖板上的喷油塞	拆下前盖板，检查喷油塞喷孔是否畅通，如堵塞，应清理
8	检查冷却水散热器和机油散热器机油冷却器	如有漏水、漏油，应进行必要修补
9	检查主要零部件紧固情况	对连杆螺钉，曲轴螺母，气缸盖螺母等进行检查，必要时要拆下检查，并重新拧紧至规定、扭矩
10	检查电气设备	各电线接头是否接牢，有烧损的应更换
11	清洗机油、燃油系统管路	包括清洗油底壳机油管道，机油冷却器，燃油相机其管路，清除油污并应吹干净
12	清洗冷却水系统水管道	除清洗液外，也可用每升水加 150g 苛性钠的溶液灌满柴油机冷却系统停留 8～12h 后开动柴油机，使出水温度到 75℃以上，放掉清洗液，再用干净水清洗冷却系统
13	清洗涡轮增压器的气、油管道	包括清洗柴油轮，压气机叶轮。压气机壳内表面，涡轮机涡轮壳等零件的油污和积炭

表 4-5　　二级技术保养（连续工作 1000～1500h）

序号	保养项目	进　行　程　序
1	检查气缸盖组件	检查气门、气门座、气门导管、气门弹簧、推杆和摇臂配合的磨损情况，必要时进行修磨和更换
2	检查活塞连杆组件	检查活塞环、汽缸套、连杆小头套及连杆轴瓦的磨损情况，必要时更换
3	检查曲轴组件	检查推力轴承，推动板的磨损情况，推动主轴承内外圈是否有轴向游动现象，必要时更换

续表

序号	保养项目	进　行　程　序
4	检查传动机构和配气相位	检查配气相位，观察传动齿轮齿合面磨损情况，并进行齿合间间隙的测量，必要时进行修理或更换
5	检查喷油器	检查喷油器喷雾情况，必要时更换喷油嘴偶件
6	检查喷油泵	检查柱塞偶件的密封性和飞铁索的磨损情况，必要时更换
7	检查涡轮增压器	检查和叶轮与壳体的问题，浮动轴承、涡轮转子轴以及气封、油封等零件的破损情况，必要时进行修理或更换
8	检查机油泵、淡水泵	对易损零件进行拆检和测量，并进行调整
9	检查气缸盖和进、排气管垫片	已损坏或失去密封作用的应更换
10	检查充电发电机和启动电动机	清洗各机件、轴承，吹干后加注新的润滑脂，检查启动电动机齿轮磨损情况及转动装置是否灵活

思考题

1. 三相异步电动机的结构主要包括哪些部分？
2. 在应用中，应怎样选择三相异步电动机？
3. 鼠笼式三相异步电动机的启动方式有哪两种？
4. 柴油机的结构一般由哪几大系统或机构组成？
5. 柴油发动机的工作过程是怎样的？柴油机的三漏是指哪三漏？

实训题

1. 模拟生产应用条件，现场选择合适的动力机械。
2. 现场操作启动、运行及按日常维护保养柴油机。
3. 现场连接电动机及启动开关，并启动运行电动机。

第五章　注浆测量设备与仪表

第一节　注浆自动记录仪

注浆自动记录仪是应用于灌浆施工过程的一种自动化监控记录系统，其作用是实现简易压水、单点法压水、五点法压水、普通灌浆、黏土灌浆、砂浆灌浆、GIN 灌浆等功能的在线监测，完成对灌浆过程中流量、压力、密度、抬动等实时过程数据的采集与处理，并同步在屏幕上显示即时的灌浆压力、流量、密度、抬动值及单位注灰量、累计注灰量等动态数据，然后按预先设定的时间间隔，定时打印出时间、平均压力、最大压力、流量、密度、累计注浆量、累计注灰量，当灌浆结束时，自动计算并打印注入浆液总量、水泥总量、单耗和灌浆压力、流量、密度随时间变化的过程曲线；在压水过程中，记录压力和流量，计算出最后测试段的吕荣值并打印出来。仪器的应用主要是为了提高灌浆工程工作效率，减少人为记录不精确，人为做假记录的因素，从而有利于保障灌浆工程质量。记录仪外形见图 5-1、图 5-2。

图 5-1　嵌入灌浆式记录仪

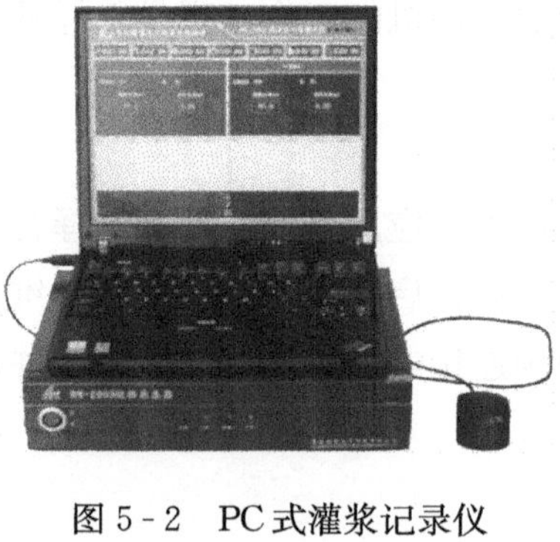

图 5-2　PC 式灌浆记录仪

鉴于灌浆工程的特性，灌浆记录仪可广泛应用于水电（电站、堤防、水库）、建筑（地上、地下、人防）、交通（公路、铁路、隧道、桥梁、港口、机场）等基础处理行业，针对帷幕、固结、回填、接缝灌浆工程当中的流量、压力、密度及抬动观测进行实时在线监测记录。

1. 三参数大循环系统

三参数大循环系统布置见图 5-3。

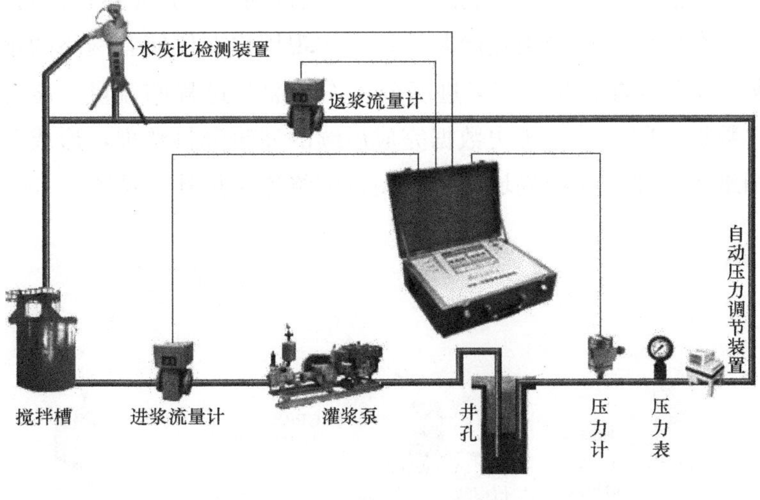

图 5-3 三参数大循环系统布置

2. 纯压式注浆系统

纯压式注浆系统布置见图 5-4。

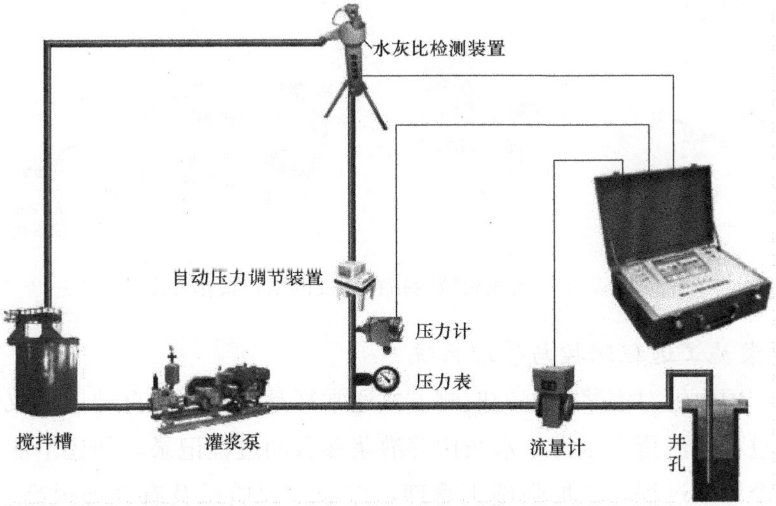

图 5-4 纯压式灌浆系统布置

3. 灌浆数据远程监测系统

随着计算机技术的进步和网络及通信技术的发展，国家对灌浆质量要求的不断提高，为保证灌浆质量，实现对灌浆工程与施工质量进行统一监测及管理，研发出了灌浆数据远程监测系统，系统利用无线 Zigbee 技术及 GPRS 技术采集洞内/洞外各施工点记录仪的灌浆数据，并集中上传到中央服务器，进行数据汇总、信息管理，系统同时支持网络化灌浆管理。实现用户在任何有网络的地方可以通过 PC 机或手机实时查看灌浆施工进度分析图及灌浆过程的流量、压力、密度等实时与历史数据，同时结合历史数据完成后续的灌浆资料整理，形成各种工程报表及工程图纸等功能。无线局域网拓扑图及网络连接拓扑图见图 5 - 5。

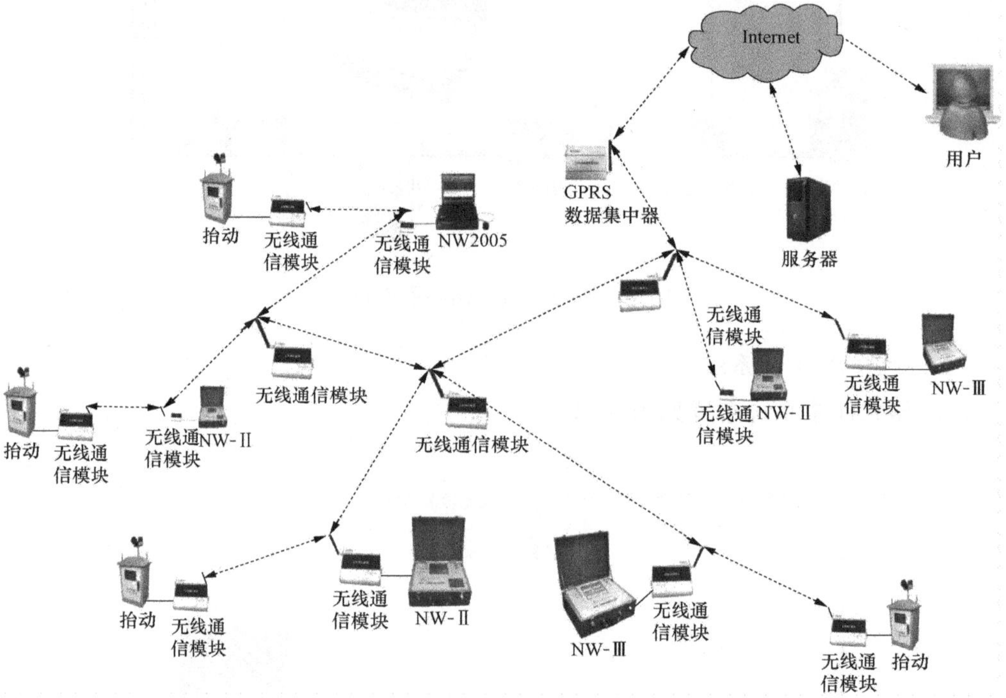

图 5 - 5　无线局域网拓扑图及网络连接拓扑图

4. 注浆施工远程测控与管理系统

目前，国内针对灌浆工程的监测方式通常都是采用灌浆自动记录仪针对单作业点灌浆过程中流量、压力、水灰比等灌浆参数的过程记录，却还不能自动监控与调节整个灌浆过程，为加强施工管理，保证工程质量及有效地提高工作效率，提高灌浆施工的自动化与智能化，实现灌浆作业的远程监控。

目前国内已开发出灌浆施工远程测控与管理系统。该系统由两部分组成：灌浆现场测控基站、灌浆远程管理中心。

灌浆现场测控基站由灌浆记录仪、终端传感、现场电气设备组成，其在满足灌浆工程压水、灌浆原始过程数据的记录的同时，系统可根据灌浆工艺流程实现对灌浆现场电气设备（灌浆泵、搅拌槽、管路电磁阀等）的自动控制、灌浆数据及液位的自动采集与检测、压力及密度的自动调节、管路的自动清洗、运行状态信息（设备故障、高低压、缺浆、密度超差、抬动等）的在线智能报警及灌浆数据与状态信息的向上传送功能，同时可结合自动制浆站，完成水灰比的自动配置及浆液的自动供给功能，真正实现了现场灌浆作业的自动化与智能化。灌浆基站自动控制检测流程图见图5-6。

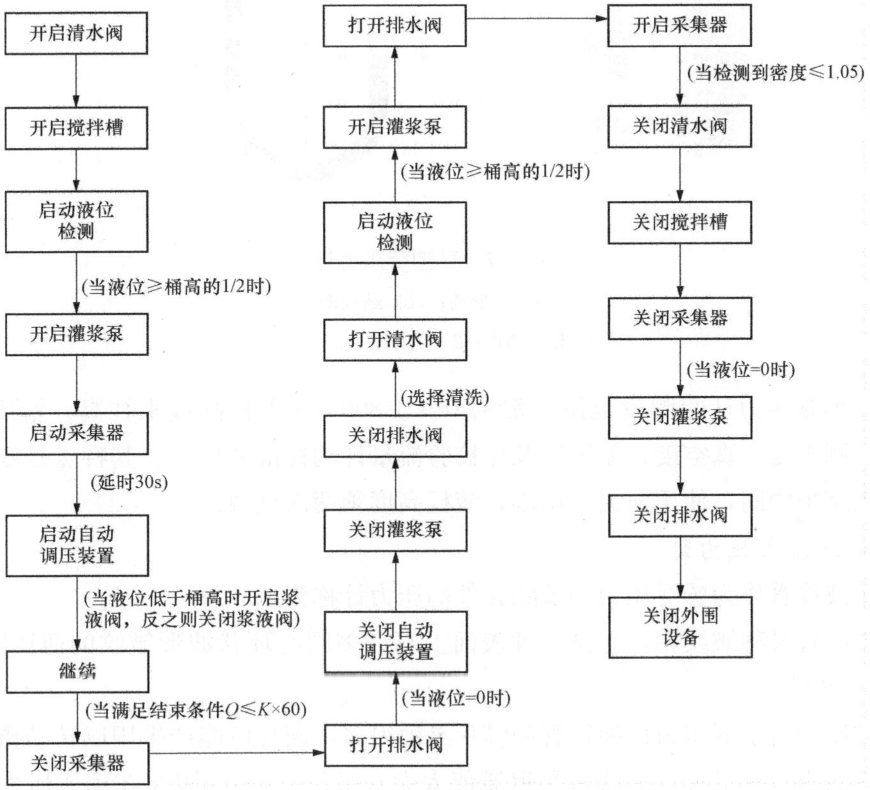

图5-6　灌浆基站自动控制检测流程图

第二节　压力测量仪表

垂直均匀地作用于单位面积上的力称为压力，又称压强。压力测量仪表是用来测量气体或液体压力的工业自动化仪表，又称压力表或压力计。

1. U 形管压力计

U 形管压力计实物如图 5-7（a）所示，其结构原理图 5-7（b）所示。

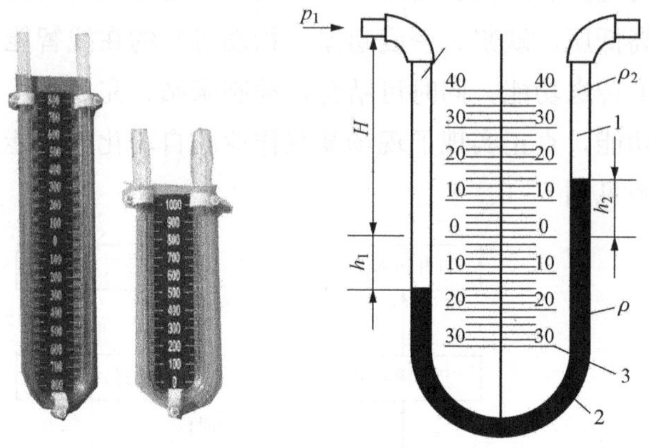

(a)　(b)

图 5-7　U 型管压力计

（a）外形图；（b）结构图

1—U 形玻璃管；2—工作液；3—刻度尺

U 形管压力计的测量范围一般为 0～±800mm 水柱高或汞柱高，精度为 1 级，可测表压、真空度、差压以及作校验流量计的标准差压计。其特点是零位刻度在刻度板中间，使用前无须调零，液柱高度须两次读数。

2. 波纹管压力计

用波纹管作为感受压力的敏感元件的压力计称为波纹管压力计。

波纹管又称皱纹箱，它是一种表面上有许多同心环状波形皱纹的薄壁圆管，如图 5-8 所示。

波纹管对于低压力比弹簧管和膜片灵敏得多，而且所能产生用以转动指针或记录笔的力也有增大，其缺点是迟滞值太大（5%～6%），因而在用作压力敏感元件时，常和刚度比它大 5～6 倍的弹簧一起使用，这样可使迟滞值减少至 1%，其结构示意如图 5-9 所示。

3. 霍尔式压力计

霍尔式压力计是利用霍尔效应制成的压力测量仪器。霍尔式压力计原理如图 5-10 所示。

图 5-8　波纹管

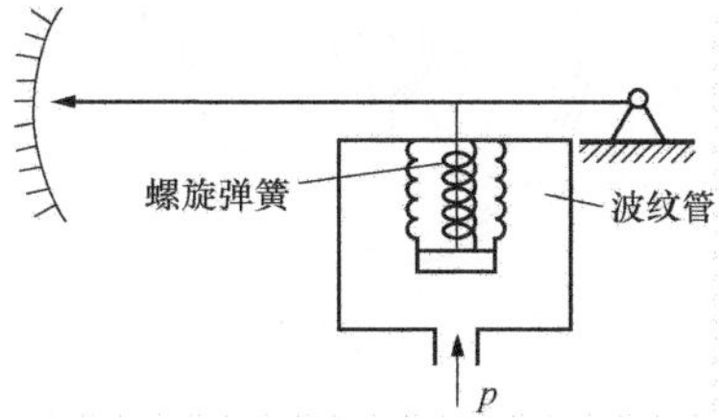

图 5-9　波纹管压力计结构示意图

霍尔压力计应垂直安装在机械振动尽可能小的场所，且倾斜度小于 3°。当介质易结晶或黏度较大时，应加装隔离器。通常情况下，以使用在测量上限值 1/2 左右为宜，且瞬间超负荷应不大于测量上限的 2 倍。由于霍尔片对温度变化比较敏感，当使用环境温度偏离仪表规定的使用温度时要考虑温度附加误差，或温度补偿措施。此外还应保证直流稳压电源具有恒流特性，以保证电流的恒定。

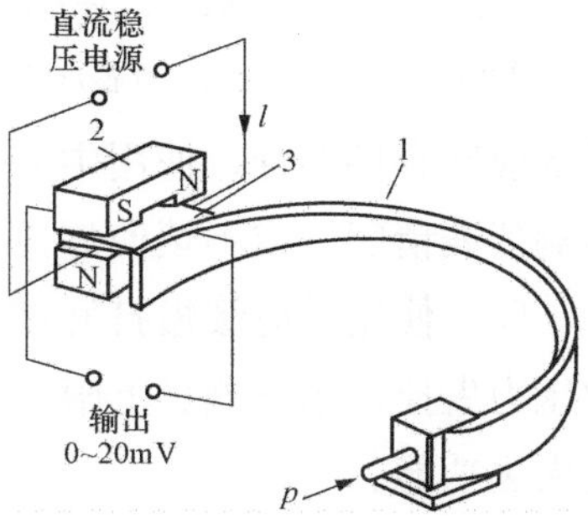

图 5-10　霍尔式压力计

1—弹簧管；2—磁钢；3—霍尔片

4. 一般压力表

一般压力表是指以弹簧管为弹性元件敏感元件，测量并指示高于环境压力的仪表，如图 5-11 所示。精确度等级等于或低于 1.0 级的压力表、真空表及压力真空表统称为一般压力表。

一般压力表属于就地指示型压力表，就地显示压力的大小，不带远程传送显示、调节功能，适用测量无爆炸、不结晶、不凝固、对铜和铜合金无腐蚀作用的液体、气体或蒸汽的压力及真空。

压力表安装使用要求：

(1) 工作压力使用全量程的 1/3～2/3 为宜，使用范围最高不得超过满刻度的 3/4。

(2) 检定周期一般不超过半年，测压部位介质波动大，使用频繁，准确度要求较高，以及对安全因素要求较严的，可按具体情况将检定周期适当缩短。

(3) 工作环境应无腐蚀性气体。

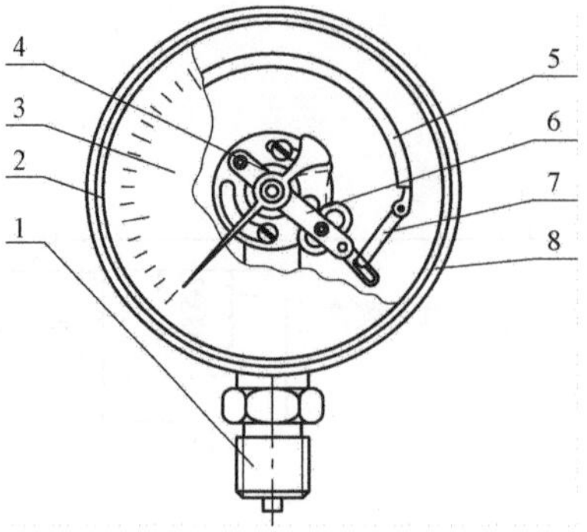

图 5-11　压力表结构图

1—接头；2—衬圈；3—度盘；4—指针；5—弹簧管；6—传动机构（机芯）；7—连杆；8—表壳

（4）安装前应核对仪表的型号、规格、精度等级是否符合仪表使用要求。检查仪表的接头螺纹和安装的阴螺纹是否一致。

（5）压力表应垂直安装，倾斜度一般不大于 30°，并力求与测量点保持同一水平，以免带来指示误差。

（6）安装后，在无压力的情况下，观测指针是否在零位或紧靠盘止钉，否则不宜使用。

（7）测量蒸汽压力时，压力表下端应装有环形管，使用中有水来传递蒸汽压力，以免高温蒸汽冲入弹簧管内，影响仪表精度，或不慎使焊锡熔化，造成仪表测漏，发生事故或烫伤人。

（8）使用时应缓慢打开阀门，使压力慢慢升到工作位置。若突然打开阀门，如压力失控，超过测量上限，会造成弹簧管被打坏、变形或造成扇齿脱牙而使仪表失去功能。

（9）使用完毕后，应缓慢卸压，不要使指针猛然降至零位，这样指针回撞在盘止钉上，会将指针打弯甚至打断。

（10）仪表要按规定要求进行检定或维修。

（11）拆下来的仪表应存放在防尘、干燥、无腐蚀的环境中。

5. 压力变送器

压力变送器用于测量气体、液体和蒸汽的压力，然后将其转变成 4～20mA DC 的电流信号输出。也可以通过 BRAIN 手操器或 CENTUM CS/μXL 或 HART375 手操器相互通信，通过它们进行设定和监控等，压力变送器外形见图 5-12。

图 5-12　压力变送器

在注浆工程中，与注浆记录仪配合使用的一般为电测式压力仪表，根据传感器芯体的不同，电测式又分为应变片式、压阻式、电感式、电容式等，在诸多传感器芯体中，又以压阻式使用最为广泛。

6. 压力测量仪表的选用

正确选择和使用压力测量仪表是实现对压力参

数进行正确、有效测控的首要前提。

(1) 在测稳定压力时，一般压力表最大量程选择在接近或大于正常压力测量值的 1.5 倍。

(2) 在测波动压力时，一般压力表最大量程选择在接近或大于正常压力测量值的 2 倍。

(3) 在测机泵出口压力时，一般压力表最大量程选择接近机泵出口最大压力值。

(4) 在测高压压力时，一般压力表最大量程选择应大于最大压力测量值的 1.7 倍。

(5) 为了保证压力测量值的精度，最小压力测量值应高于压力测量量程的 1/3 处。

第三节　流量测量仪表

电磁式流量计适合于测量密度大、腐蚀性强、流动性差的浆液介质，电磁流量计是一种高精度、高可靠和使用寿命长的流量仪表，是由直接接触管道介质的传感器和上端信号转换器两部分构成。它是基于法拉第电磁感应定律工作的，用来测量电导率大于 5μS/cm 的导电液体的流量，是一种测量导电介质流量的仪表。除了可以测量一般导电液体的流量外，还可以用于测量强酸、强碱等强腐蚀性液体和均匀含有液固两相悬浮的液体，如砂浆、矿浆、纸浆等。

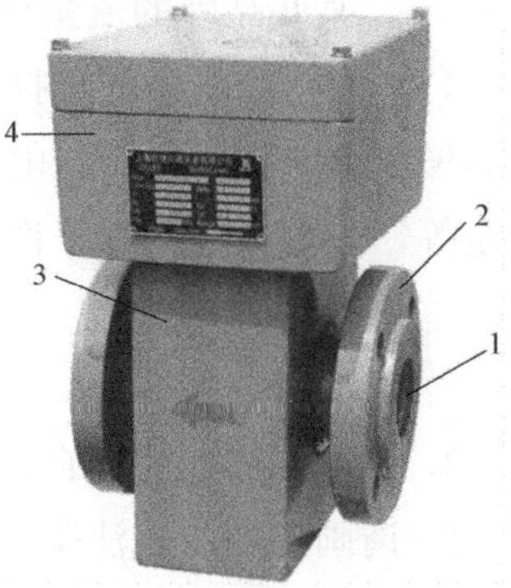

图 5-13　电磁式流量计结构
1—流道；2—法兰；
3—传导线圈；4—信号转换器

1. 电磁流量计

电磁式流量计结构见图 5-13。

2. 注浆流量计的安装及使用

(1) 流量计推荐采用水平或垂直向上安装，以避免干烧或节流而产生液流气泡，影响测量精度，并保证流体自下而上流动。安装示意见图 5-14、图 5-15。

(2) 流量计的安装位置，建议远离强电磁场干扰，以免影响流量计的电流输出信号。经验证明，电磁流量计壳体与现场管网的电气连接是防止现场干扰的有效方法。流量计壳体与现场管道连接安装示意见图5-15。

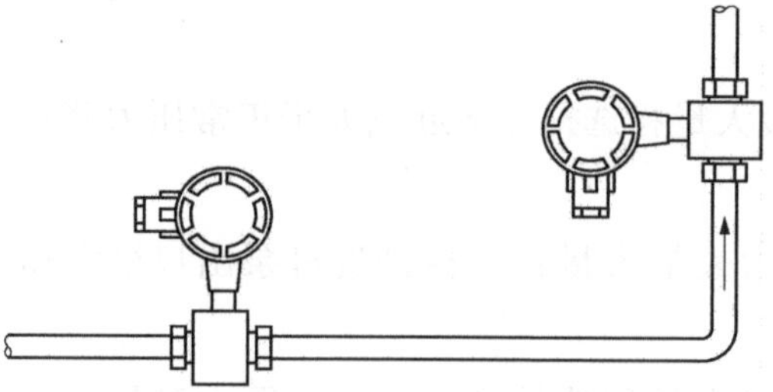

图5-14　电磁流量计安装示意

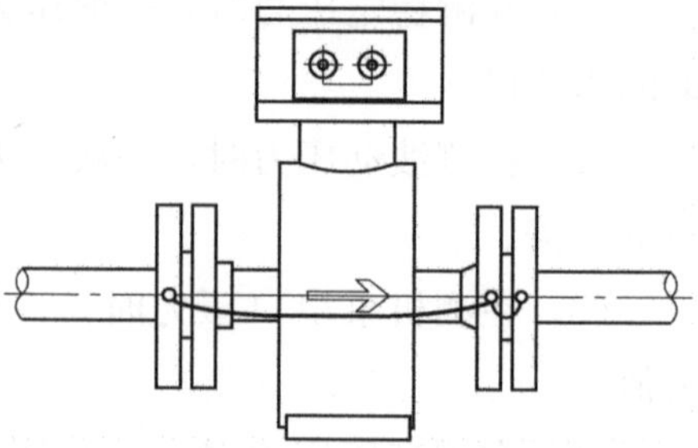

图5-15　流量计壳体与现场管道连接安装示意

(3) 连接灌浆管道时，严禁使用内径小于18mm的高压接头，否则严重的节流现象将影响测量精度并导致导流管沉浆。

(4) 在灌浆泵的输出管道上，推荐安装缓冲罐。在灌浆泵达不到额定排量，输出压力和流量波动大时，用缓冲罐来平滑和稳定泵的输出特性，其作用尤其突出，可避免由于脉冲过大而产生液流气泡，影响流量、压力的测量精度。

(5) 口径的选择，根据现场灌浆管路大小进行选择，一般常用ϕ25、ϕ40、ϕ50这三种，或者是进浆管路选用ϕ40，返浆管路选用ϕ25。

(6) 量程选择，根据灌浆泵排量大小进行选择，一般常用$6m^3/h$、$9m^3/h$、$12m^3/h$，某些品牌的流量计量程大小可通过电路板上的挡位开关进行切换。

(7) 内衬和电极的选择，水泥浆液都有一定腐蚀性，有时含沙或其他添加剂还会增加其摩擦系数，在电极的选择上，一般采用哈氏合金、含钼不锈钢、铂铱合金等，内衬多选用氯丁橡胶、合成聚四氟乙烯橡胶等。

思考题

1. 请简单描述注浆自动记录仪的作用。
2. 请画出纯压式注浆自动记录仪表的安装简图。
3. 注浆过程中，测量稳定压力及波动压力，一般压力仪表量程应怎样选择?
4. 电磁流量计为什么推荐采用水平或垂直向上安装?

实训题

1. 现场安装三参数大循环注浆自动记录仪系统。
2. 现场操作注浆自动记录仪。

第六章　锚固张拉与检测设备

第一节　锚固预紧及张拉设备

锚固型锚杆安装后，部分锚杆需要施加预紧力。通常使用锚杆施工预紧机具拧紧螺母来实现（适用于螺母安装型锚杆），也可通过张拉设备张拉锚杆实现。

一、施工预紧机具

锚杆施工预紧机具可采用大扭矩锚杆钻机、扭矩倍增器以及扭矩扳手等，通过对螺母施加扭矩来施加预紧力。大扭矩锚杆钻机不仅可以提高锚杆预紧力矩，而且可实现锚杆安装一体化，提高施工速度。锚杆钻车的扭矩可达到 280N·m，而国内单体锚杆钻机的额定扭矩一般不超过 160N·m，无法满足锚杆高预紧力的需求。

1. 扭矩倍增器

（1）扭矩倍增器（又称扭力放大器、齿轮减速器、扭力倍增器、力矩放大仪、增力器）见图 6-1，是一种可以提高扭矩的装置。由于输出端功率并不会超过输入端功率，所以输出回转数低于输入端回转数。（扭矩×转速＝功率）目前市场上各品牌的产品一般都是通过行星齿轮实现扭矩倍增，一般放大 5～125 倍（煤矿系统常用扭矩倍增器放大倍数为 5～8 倍），最大输出扭矩可达 50000N·m 左右。

（2）扭矩倍增器工作原理，如图 6-1 所示。

（3）使用注意事项：

1）需足以配合的锚杆钻机扭矩值，请勿过载使用。

2）尽量保持扭矩扳手驱动头、倍增器和被锁物同轴线对准。

3）尽量保持反作用力臂与抵挡物可靠的平面接触。

4）尽量保持反作用力与反作用力臂成直角。

5）反作用力点应尽量远离倍增器，并在安全三角区内（见图 6-2）。

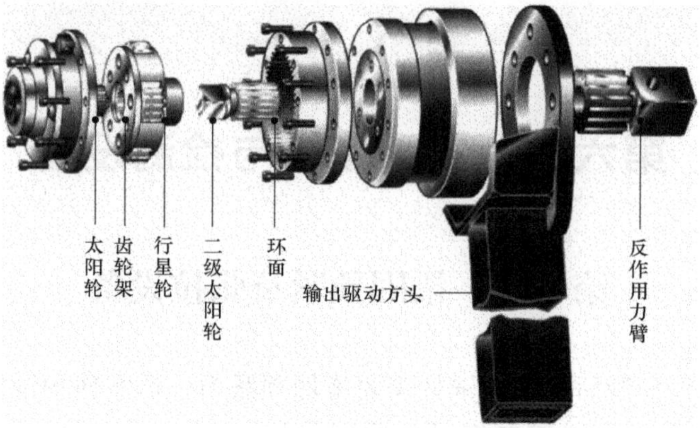

图 6-1　扭矩倍增器

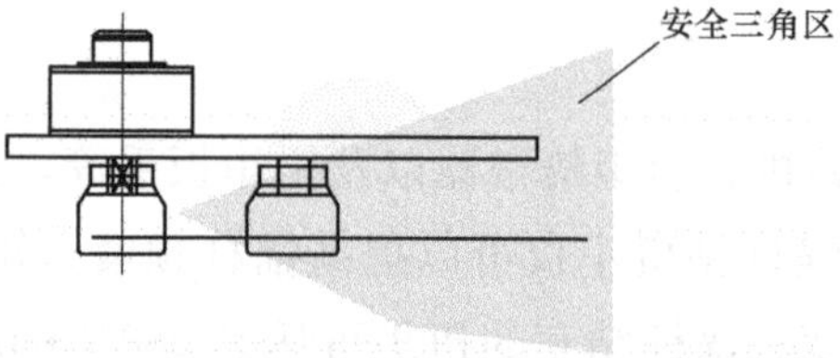

图 6-2　扭矩倍增器反作用力点安全三角区

6）对于不方便使用一般反作用力臂的场合，建议使用双臂或平衡式反作用力臂。

7）要取下倍增器，先部分加载以拨动反回弹装置，再移去扭矩倍增器，切记敲打。

8）定期校验，定期更换倍增器内部润滑油。

2. 扭矩扳手

扭矩扳手按动力源可分为手动、液压、气动；按工作原理可分为旋转式、冲击式。

（1）手动扭矩扳手。手动扭矩扳手是根据梁的弯曲原理、扭杆的弯曲原理和螺旋弹簧的压缩原理而设计的，在施加预紧力的同时也可测出预紧力的大小，如图 6-3。

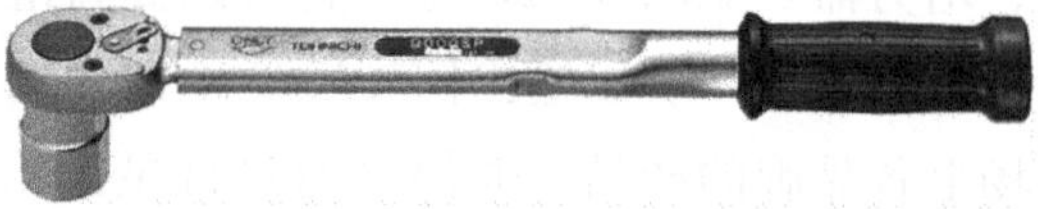

图 6-3　手动扭矩扳手

手动扭矩扳手常见故障及排除方法见表 6-1。

表 6-1　　常见故障及排除方法

故障现象	故障原因	排除方法
不报警	扳手头安装方向错误	扳手杆复位，反向扳动
棘轮打滑	棘轮齿、左右卡子、塔簧损坏或左右卡子、塔簧脱落	更换或重新安装

续表

故障现象	故障原因	排除方法
锁紧手柄无法锁住调整轮	螺纹挡销位置不正确	重新插入固定即可
示值超差		重新调试

（2）液压扭矩扳手。液压扭矩扳手是由工作头、液压泵以及高压油管组成。通过高压油管，液压泵将动力传输到工作头，驱动工作头旋转螺母的拧紧或松开。液压泵可以由电力或压缩空气驱动。液压扳手的工作头主要由三部分组成，框架（也叫壳体）、油缸和传动部件。油缸输出力、油缸活塞杆与传动部分组成运动副，油缸中心到传动部件中心这个距离是液压扳手放大力臂，油缸出力乘以力臂，就是液压扭矩扳手理论输出扭矩，由于摩擦阻力存在，液压扭矩扳手实际输出扭矩要小于理论输出扭矩。

液压扭矩扳手分中空液压扭矩扳手、方头液压扭矩扳手和液压冲击扭矩扳手三种，如图 6-4、图 6-5、图 6-6 所示。

图 6-4　中空式液压扭矩扳手

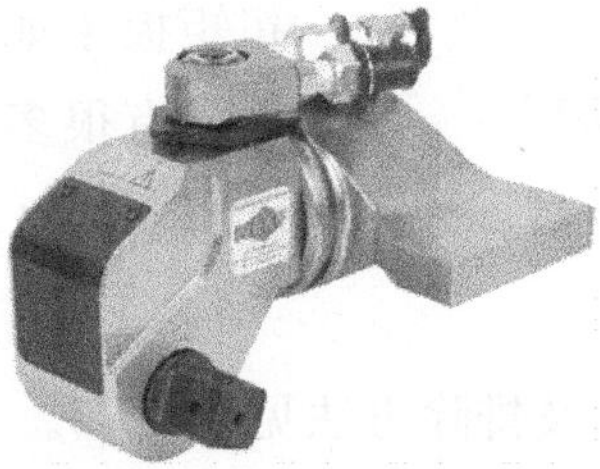

图 6-5　方头式液压扭矩扳手

图 6-6　液压冲击扭矩扳手

液压扭矩扳手常见故障及排除方法见表 6-2。

表 6-2　　常见故障及排除方法

故障现象	故障原因	排除方法
旋转接头座盖下面漏油（量很大）	快换接头没有被连接到位	检查快换接头，确保快换接头连接到底
	安全阀设置压力过低	重新设置安全阀压力
旋转接头渗油	旋转接头密封件损坏	更换任何有缺陷的密封件
扳手内漏油	活塞杆密封件损坏	更换密封件
泵不连接扳手时能建立起压力，与扳手联接后不能建立起压力	活塞密封件损坏	更换密封件
	旋转接头座密封件损坏	替换任何有缺陷的密封

续表

故障现象	故障原因	排除方法
扳手不转动	快换接头没有被连接到位	检查快换接头，确保快换接头连接到底
	泵不工作	检查泵
	传动部件损坏	更换任何破旧或损坏的部件
扳手动作变慢	快换接头没有被连接到位	检查快换接头，确保快换接头连接到底
	活塞密封件损坏	更换密封件
	泵有故障，流量变小	检查泵
螺母随着回程回转	止推爪弹簧损坏	更换止推爪弹簧
	止推爪损坏	更换止推爪

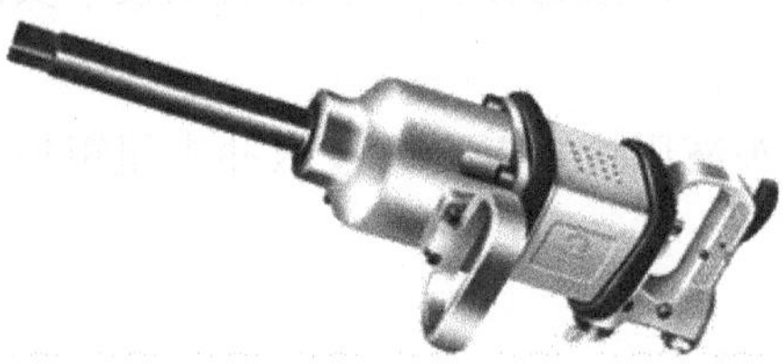

图 6-7 气动扭矩扳手

（3）气动扭矩扳手。气动扭矩扳手（又名气扳机、风扳机、风动扳手）是一种拧紧与拆卸螺栓、螺母的高效工具，广泛用于机械制造与维修等行业。气动扭矩扳手如图 6-7 所示。气动扳手在国内外有很多生产厂家，扳手输出扭矩从几百 N·m 到数千 N·m 不等，使用时可根据现场条件与技术要求选择合适的规格型号。

气动扭矩扳手常见故障及排除方法见表 6-3。

表 6-3　　常见故障及排除方法

故障现象	故障原因	排除方法
冲击销不能伸出	冲击销变形或黏上异物	更换冲击销或用油石除去铁屑等异物
冲击销不能收回	气封圈磨损后泄机	更换新气封圈
扳轴转不动	与轴套热胀后咬合	更换轴套，调正间隙
扳轴受冲面与冲击销打毛	有铁屑产生	用油石修正打毛处
发动机不旋转	冲击销停在扳轴凹处	旋转扳轴，再做启动
输出扭矩不够	发动机功率不足	发动机零件磨损严重，予以更换
	压缩空气流量或压力不够	调准至规定压力或缩短供气管道
	螺栓精度过差或螺纹上有硬物	更换螺栓或清洁螺纹

（4）电动扭矩扳手。电动扭矩扳手靠电源驱动，主要由微机控制系统、步进电机、两级行星齿轮机构和壳体、扭矩传感器、扳手头等组成，如图 6-8 所示。

当步进电动机转动时，带动高速级行星齿轮机构的中心轮转动，该机构的另一中心轮（齿圈）则与壳体固联；扭矩由系杆传送到低速级行星齿轮机构的中心轮上，该机构的另一中心轮（齿圈）则与传感器相连并通过传感器固定于壳体上；扭矩同时由系杆传送到扳手头上，实现对螺栓的预紧。

图 6-8　电动扭矩扳手

3. 锚杆预紧设备选择原则

（1）满足锚杆设计预紧力。预紧设备的输出扭矩应使锚杆预紧力矩达到支护设计要求。必须考虑煤矿井下条件的复杂性，煤岩体松软破碎造成锚杆螺母的预紧长度较大，预紧力损失很大，在选择预紧设备时应充分留有一定的富余系数。

（2）动力单一。预紧设备的动力源应尽量与其他设备统一，实现动力单一化。如气动锚杆钻机应尽量配用气动扳手，而液压钻机可配用液压扳手。

（3）性能可靠、使用寿命长、故障率低。

（4）质量小、使用方便。

二、张拉机具

张拉设备是对预应力材料实施张拉，建立预应力的专用设备。它主要由千斤顶、高压油泵组成。目前国内设计的预应力千斤顶，额定油压多为 50～63MPa，张拉吨位 180～12000kN。施工时可依据锚具类型、束体材料种类、施工环境等因素选用千斤顶。

（一）千斤顶

常用的预应力千斤顶为穿心式千斤顶，它具有构造简单，维修保养方便的特点。主要用于与群锚夹片式锚具的配套张拉，既可以根据需要配装限位板，组成不顶压张拉系统，也可以配装顶压器，组成能够顶压的张拉系统。当配上相应附件（拉杆，撑脚等）还可完成镦头锚、螺杆锚等的张拉。下面介绍几种常用的千斤顶。

1. 常规系列千斤顶

常用的千斤顶系列有 YCQ 系列、YDC 系列、YCW 系列等。一些系列千斤顶命名符号含义见表 6-4。

表 6-4　　穿心式液压千斤顶命名符号含意

符号	YC	YCD	YCQ	YCW	YCN	A	B
代表意义	穿心式液压千斤顶	穿心式液压千斤顶	穿心式液压群锚千斤顶	穿心式液压通用型千斤顶	穿心式液压内卡千斤顶	第一次设计	第二次设计
常用配套锚具	DM、LM、JLM	XM、XYM	QM	OVM、HVM	B&S		

2. 轻量化千斤顶

新近研制的轻量化千斤顶，重量较以前轻 26.8%～44.0%，尺寸也较以前短小精巧，不仅方便施工，还可节省大量预应力筋。改型后的 YCWB 型千斤顶技术参数见表 6-5。

表 6-5　　YCWB 系列（轻型）千斤顶技术参数

型号	公称油压 (MPa)	公称张拉力 (kN)	张拉活塞面积×10^4 (mm^2)	回程活塞面积×10^4 (mm^2)	穿心孔径 (mm)	质量 (kg)	外形尺寸（直径×长度）(mm)	束体预留长度 (mm)
YCW60B	52	600	1.15	0.212	ϕ60	31	ϕ170×345	553
YCW100B	51	973	1.908	0.777	ϕ78	65	ϕ214×370	570
YCW120B	50	1252	2.504	1.6011	ϕ90	85	ϕ230×370	570
YCW150B	50	1492	2.981	1.38	ϕ120	108	ϕ285×370	570
YCW250B	54	2480	4.592	2.802	ϕ140	164	ϕ344×380	590
YCW350B	54	3497	6.476	3.462	ϕ175	235	ϕ410×400	620
YCW400B	52	3956	7.607	4.592	ϕ175	270	ϕ432×400	620
YCW500B	49	4924	10.05	4.773	ϕ196	550	ϕ490×510	700
YCW650B	49	6434	13.13	6.288	ϕ240	810	ϕ570×520	700
YCW900B	54	8952	16.58	8.72	ϕ280	1120	ϕ690×540	720

注　张拉行程均为 200mm。

3. 前（内）卡式千斤顶

此类千斤顶也属于穿心式千斤顶，主要系列产品有 YDCN、YCN 等。工具锚配置在千斤顶前部空心内，具有节约预应力筋的特点。

前卡式千斤顶有一次仅能张拉 1 根预应力筋的小吨位千斤顶，也有可同时张拉数根的大吨位千斤顶，它们的技术参数见表 6 - 6 和表 6 - 7。

表 6 - 6　　YDCN 型系列千斤顶性能

序号	型号	公称张拉力（kN）	公称油压（MPa）	张拉活塞面积（cm^2）	回程活塞面积（cm^2）	张拉行程（mm）	质量（kg）
1	YDCN1000	1000	63	160.22	87.2	200	
	YDCN1500	1500	63	231.00	111.00		
	YDCN2500	2500	63	392.50	216.00		
2	YDCN1500N	1487	49	301.6	124.9	100 200	138 155
	YDCN2500N	2462	50	492.4	292.4	100 200	217 263

注　序号 1 为柳州建筑器具厂产品；序号 2 为柳州建筑机械厂产品。

表 6 - 7　　小吨位前卡千斤顶技术参数

型号	额定拉力（kN）	额定油压（MPa）	工作行程（mm）	自重（kg）	配用油泵型号
YCN - 25	250	50	160	25	STD130.63×63A
YCN - 30	300	50	160	30	STD130.63×63A
YDC240Q	240	50	100、150、200	18.2	ZB4500S 型
YCQ20	200	50	150、200	19～24	ZB 系列

（二）油泵

1. 高压油泵

预应力高压油泵是预应力机具的动力源，将其与各种机具配套，能完成预应力张拉、冷镦、钢筋压接、冷弯、切断等工作，可减轻劳动强度，提高工作效率。目前应用最多的是 ZB4 - 500 型和 ZB3 - 630 型两种电动油泵，它们的优点是性能稳定，与千斤顶配套性好，适应范围广。存在的不足是移动吊运不便，与大千斤顶配套使用时油箱容积不够大。

2. 轻便油泵

小油泵特点是排量小（只有 1L/min 左右）、体积小、质量小、操作简单、移动方便，与小型千斤顶配套，适于高空作业和移动频繁的场合。但小油泵存在易发热，控制阀易损等缺点。

3. 大流量变量泵

该类油泵是一种与大吨位千斤顶配套使用的大流量二级轴向柱塞变量高压油

泵。特点是低压大流量，高压时变量控制阀起作用，流量变小，达到放慢张拉速度，节省能源的目的。

4. 手动泵

手动泵的特点是流量小，体积小，质量小，适于在没有电源或频繁流动场合使用。

SDB型手动泵油压可达到70MPa，流量为7.8～1.8mL/次，手摇力0.35kN，自重10kg。可作为备用油泵配合小型千斤顶使用。

（三）张拉设备的进场验收

预应力张拉设备进场后，应对其进行验收，防止由于故障影响张拉工作。验收可参考《预应力用液压千斤顶》JG/T 5028—1993和《预应力用电动油泵》JG/T 5029—1993中的部分项目进行。由于施工现场条件限制，有些项目可适当简化。

（四）千斤顶的配套标定

由于千斤顶加工实际尺寸和表面粗糙度存有差异，密封圈和防尘圈松紧程度也各不相同，因而千斤顶内摩擦阻力不相同。对同一台千斤顶来讲，其内摩擦阻力还会随油压高低、使用时间长短均有一定变化，因而千斤顶在工程中正式使用之前还要进行配套标定。配套标定的含义是：第一要对油泵上的压力表进行标定，确认合格；第二要对千斤顶、油泵（包括上述压力表、油管）组成的系统进行标定，获得千斤顶出力与油压关系曲线，用于施工张拉。

标定用的标准测力计，可选用材料试验机、压力试验机或压力传感器。它们的不确定度不得大于2%。千斤顶的出力不得超过上述仪器量程的75%，以确保安全。

（五）张拉设备选用

（1）千斤顶与锚具、限位板（顶压器）、工具锚应选择同一系列，同一厂家产品，方便施工。

（2）千斤顶的额定出力要有富裕度，一般比实际张拉力大1.2～1.5倍，确保施工安全。

（3）油泵要依据千斤顶的大小及使用环境选用，配用的油压表精度一般不低于1.5级，使用油压不宜超过表盘刻度的75%。

（六）张拉设备的维护保养

张拉设备是预应力锚固中关键施工设备，应对其进行精心保养维护：

（1）系统用油应符合下列要求：油温50℃时，动力黏度为12～60N/mm^2，杂质直径不大于137μm。通常用20号机械油，或冬季用10号机械油，夏季用30号机械油，也可使用相应的液压油。

（2）油液应保持清洁。向油泵加油要通过滤网。油内不得混杂水分，避免造成锈蚀。通常在半年或使用500h后更换一次油液。

（3）保持张拉设备外观的清洁。拆装压力表、油管时严防污物、杂物侵入。对伸出的活塞要用干净棉丝擦拭，防止杂物进入系统。

（4）张拉设备不得受到强力冲击和震动，尤其是压力表在搬运过程中更不得受到振动，搬迁时要将其放入有隔离层的盒内小心保管。

（5）油缸密封圈是千斤顶关键部件，承受冲击力的能力较弱，因此在向油缸供油或回油时，要保持平稳，速度不宜变化太大。使用聚氨酯制造的防尘圈和密封圈时，应注意防水、防潮。

（6）供电系统要有可靠接地系统，避免漏电伤人。

第二节　锚固抗拔试验与检测、监测设备

为了确定锚杆的极限承载力，验证锚杆设计参数与施工工艺的合理性，检验锚杆的工程质量是否满足设计要求，掌握锚杆在软弱地层中的变形特性，需对锚杆进行各种试验，主要有基本试验、蠕变试验和验收试验。锚杆试验主要用的仪器为锚杆拉力计。

锚杆支护属于隐蔽性工程，支护设计不合理或施工质量不好都有可能出现安全事故。因此，在锚杆支护施工过程中，必须严格按照设计或作业规程的要求完成各个作业工序。锚杆支护施工后，还必须进行工程质量检测，确保施工质量满足设计要求。同时，应对围岩变形与破坏状况、锚杆受力分布和大小进行全面、系统的监测，以获得支护体和围岩的位移和应力信息，从而验证锚杆支护初始设计的合理性和可靠性，判断支护体的稳定程度和安全性，并根据监测数据修改初始设计，使其逐步趋于合理。

锚杆支护工程检测仪器主要有锚固测力计、锚固无损检测仪以及锚固综合参数检测仪等。锚杆支护工程监测包括锚杆工作荷载监测及变形监测，主要用到的仪器有锚杆测力计、锚杆应力计、位移计、收敛计等。

一、锚杆试验仪器

锚杆试验主要针对锚杆支护设计前的基础性试验，目前主要采用锚杆拉拔试

验。锚杆拉拔试验的目的是检测锚杆锚固力，保证锚杆施工质量。试验必须在现场进行，对已安装的锚杆进行拉拔试验。拉拔试验不仅检测锚杆拉拔力，还应记录拉拔过程中锚杆尾部的位移量，进而绘制拉力与位移曲线，综合分析锚杆的锚固效果。拉拔试验常用仪器为锚杆拉力计。对于锚喷巷道混凝土喷层下金属锚杆，需要用到锚杆探测仪来确定锚杆布置位置，从而进行锚杆试验。

（一）锚杆探测仪

锚杆探测仪主要由探头、接长杆及主机三部分组成，如图 6-9 所示。探头与接长杆的连接可以插接，并可通过活动节改变探头与接长杆间角度，满足在不同断面轮廓下探测的需要，为携带方便，接长杆常做成三节套管式，其长度可调节。主机由本质安全型全集成电路组成，具有密封性好、体积小和操作简便的特点。可用于含沼气及有煤尘爆炸危险的场合。

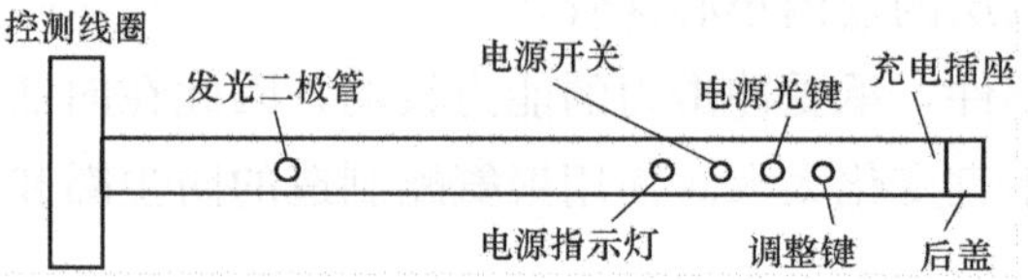

图 6-9　锚杆探测仪结构示意图

锚杆探测仪主要技术参数见表 6-8。

表 6-8　　锚杆探测仪主要技术参数

型号	MT-2 型	PMT-1
最大探测深度（mm）	200	150
定位误差（mm）	≯10	≯30
质量（kg）	2	1.77

（二）锚杆拉力计

锚杆拉力计由高压手摇泵、空心千斤顶、压力表（分为数显式与指针式）及高压胶管等组成，高压胶管用快速接头进行连接，如图 6-10、图 6-11、图 6-12。

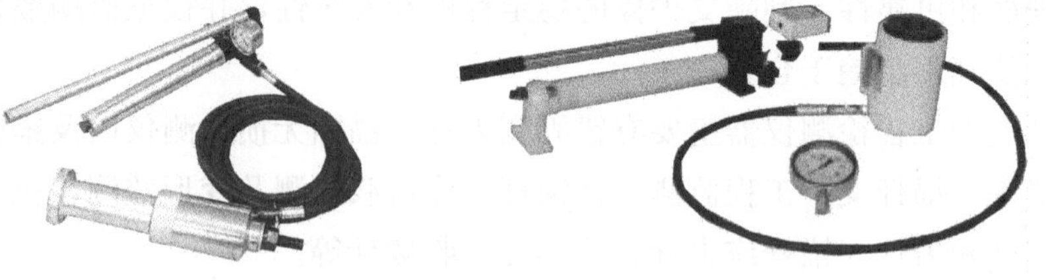

(a)　　(b)

图 6-10　锚杆拉力计

(a) 压力表为指针式；(b) 压力表为数显式

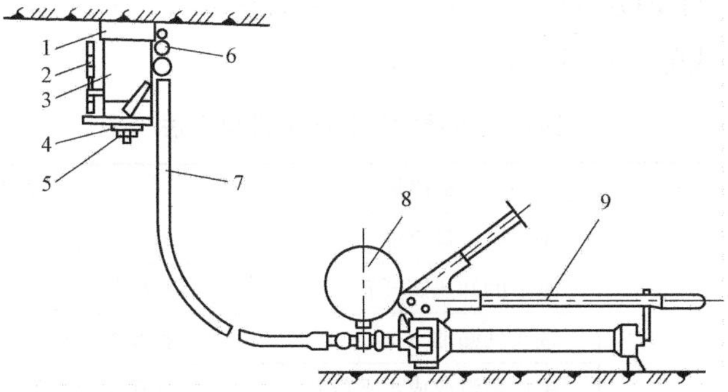

图 6-11　锚杆拉力计测量示意图

1—托板；2—标尺；3—空心千斤顶；4—垫板；5—螺母；6—胶管接头；
7—高压胶管；8—压力表；9—手摇油泵

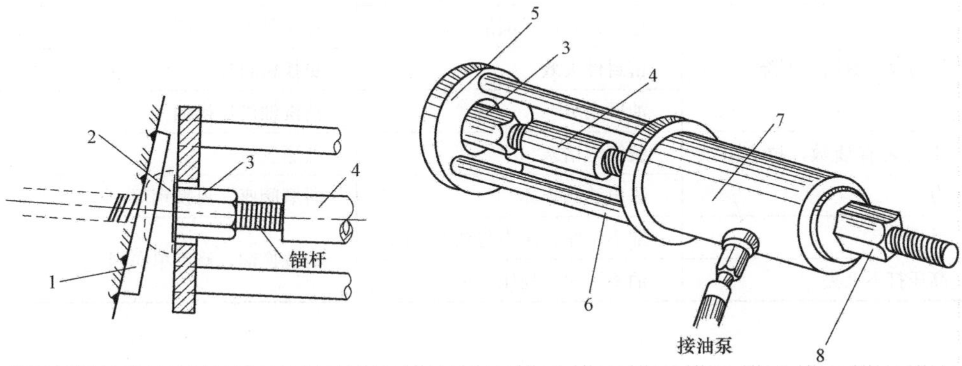

图 6-12　空心千斤顶连接锚杆的卡具

1—托板；2—球座；3—锚杆螺母；4—连接套；5—承压板；6—支柱；
7—空心柱塞千斤顶；8—柱塞杆锁紧螺母

常用锚杆拉力计主要技术参数见表 6-9。

表 6-9　　**锚杆拉力计主要技术参数表**

型号	LDZ（S）—100/200/300/400	XH50/100	ZY—10/20/30/50/100
最大拉力（kN）	100/200/300/400	500/1000	100/200/300/500/1000
工作压力（MPa）	55	63	—
最大张拉行程（mm）	40/40/40/75	120/150	60/80/890/120/150
质量（不含手动油泵）（kg）	5.25/7.25/9.25/16	14/70	7.5/14/16/29/65

表 6-9 中型号 LDZ（S），Z 表示压力表为指针式，S 表示压力表为数显式。锚杆拉力计常见故障及排除方法见表 6-10。

表 6-10　　锚杆拉力计常见故障及排除方法

故障现象	故障原因	排除方法
压力表不显示压力	手摇泵中没有油	打开油筒后加入对应的锭子油
	泵上的卸压阀开着	顺时针方向拧紧泄压阀
	接头处漏油	拧紧各个接头
	手压泵没放成水平位置	手压泵放水平后再加压
压力表有压力，但打不到指定压力	手压泵中油量少	打开油筒加入对应的锭子油
	接头处有漏油	接头处加密封圈
	使用油质不对或油太脏	加入对应的锭子油
拉力缸活塞处漏油	拉力缸缸体内密封圈损坏	更换密封圈
压力表读数明显下降	接头处有严重漏油	接头处加密封圈
	密封件失效	更换密封件
	油质太脏	清洗油筒后换油
压力表有读数，拉力缸无压力	胶管内堵塞	疏通胶管
	进出油阀损坏	研磨阀座，更换钢球
反弹	油不干净，压力与柱塞不同	清洗换油，修磨单向阀
高压打不上去	油不干净，高压失灵	

二、锚杆检测仪器

（一）锚杆预紧力检测仪器

锚杆预紧力或荷载变化进行检测或长期监测所用仪器为扭矩扳手与锚杆测力计。扭矩扳手检测测得的数据为预紧力矩，通过一定的公式转换即可得到预紧力数据。

锚杆测力计按工作原理分为机械式、液压式、振弦式和光弹式等。

1. 机械式测力计

机械式测力计是根据各种不同钢衬垫或钢弹簧的弹性变形进行工作的。将标定的弹簧垫圈置于紧固螺母之下，可以对短锚杆的应力进行简单的监测，通过测定垫圈的压力变化反映出锚杆的受力变化。其主要特点是测量范围小，坚固耐用。

机械式测力计结构见图 6-13。

2. 液压式测力计

液压测力计主要由有压力表（或数显表）的充油密闭压力容器组成。其主要优点是：可直接由压力表读出压力值，体积小，质量小，除压力表外，不容易损坏。这种测力计制作也较容易；只要制作一个小型压力容器，并在该容器上备有能安装压力表的出口。液压式测力计外形、结构见图 6-14、图 6-15。

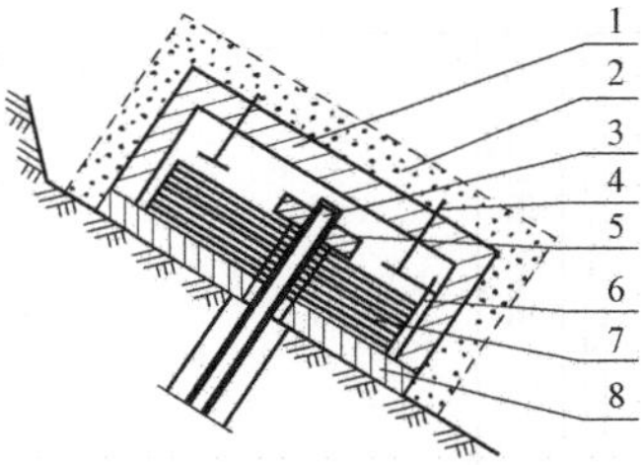

图 6-13　机械式测力计结构

1—活动封套；2—混凝土；3—锚杆；4—传感器；5—紧固件；6—固定传感器的调节距离；7—弹簧垫；8—承压板

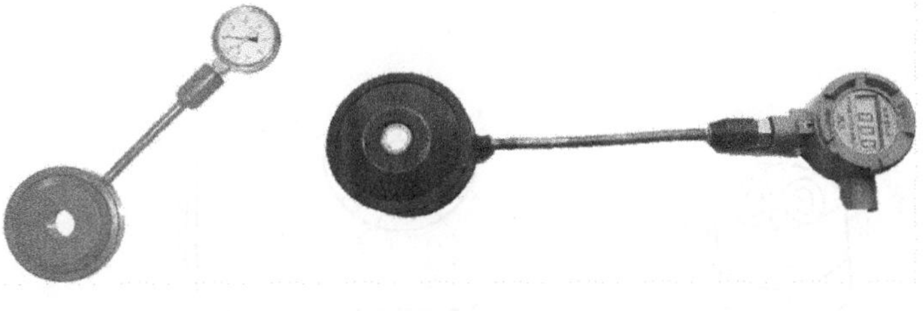

图 6-14　液压式锚杆测力计外形

3. 振弦式测力计

振弦式测力计是较可靠、精确的荷载传感器。选用钢弦做传感元件，采用双线圈连续激振的工作原理。由中孔的承载环和钢弦式压力传感器组成，能测定 250～3000kN 的锚杆应力变化。其主要特点是可靠性和精度高，是目前锚杆预紧力观测使用最广泛的测力计。

振弦式测力计外形、结构见图 6-16、图 6-17。

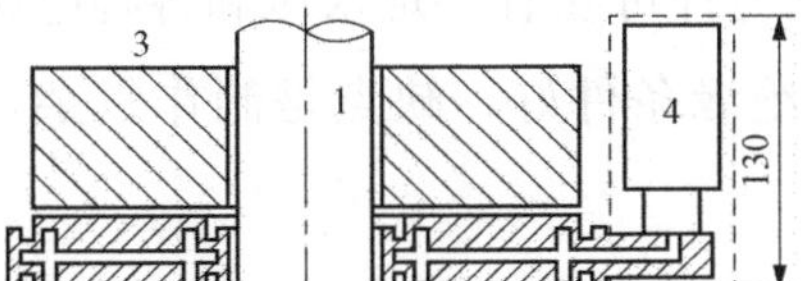

图 6-15　液压式锚杆测力计结构示意

1—锚杆；2—盛有液体的高压容器；3—均衡垫圈；4—压力表

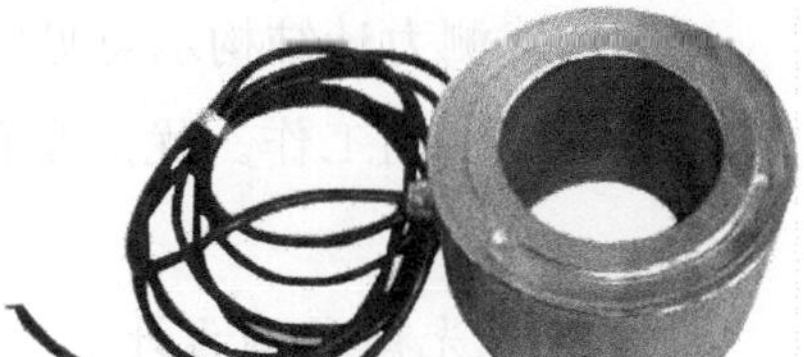

图 6-16　振弦式测力计外形

4. 光弹式测力计

光弹式测力计通过装有一种发生变形后会出现不同彩色的光敏材料来测量锚

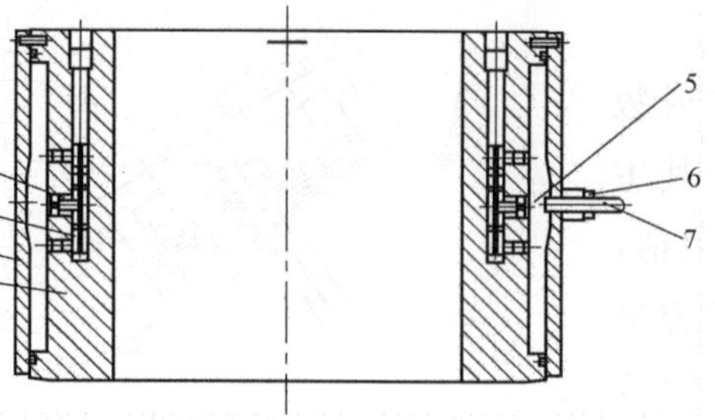

图 6-17 振弦式测力计结构示意

1—激振式激振部件；2—弦式敏感件；3—外钢套；4—称重筒；5—热敏电阻；6—密封件；7—电缆

杆受力。在荷载作用下光敏材料图形与压力线的标准图形加以对比，即可获得锚杆拉力值。其主要优点是价格较便宜，应用方便，而且不易受外界干扰。缺点是灵敏度低，长期量测性能差，因而限制了使用范围。

如图 6-18 为钻孔型光弹式测力计，图 6-19 为表面型光弹式测力计。

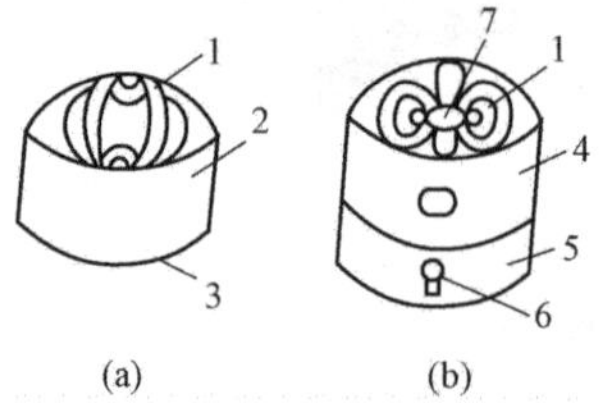

图 6-18 钻孔型光弹式测力计

(a) 霍克斯测力计；(b) 罗伯茨测力计

1—应力条纹；2—玻璃圆柱；3—反射衬片；4—玻璃带孔圆柱；5—树脂玻璃底座；6—小型光源；7—中心孔

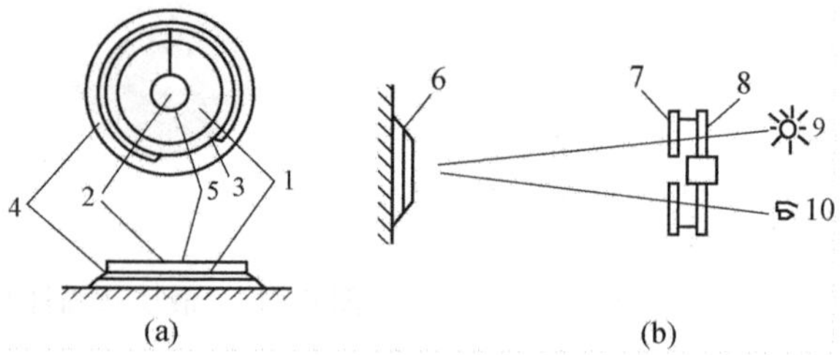

图 6-19 表面型光弹式测力计

(a) 两轴光弹片；(b) 观察系统

1—反射膜；2—中心；3—空白环；4—支座；5—肩；6—两轴片；7—1/4 波片；8—偏振器；9—光源；10—观测人

5. 差动式测力计（引伸式测力计）

差动式测力计结构示意见图 6-20，测力计可在有一定水压和各种电磁场干扰的条件下长期工作。优点是稳定性好，绝缘条件好，缺点是制作复杂，价格较高。

6. 光纤光栅式测力计

光纤光栅式测力计由油缸、油管、压力表和光纤光栅式传感器组成，外形见图 6-21。锚杆穿过油缸中部圆孔施加端部载荷。光纤光栅传感器是一种新型的全光纤无源器件，使用光纤光栅做敏感元件的功能型光纤传感器。光纤光栅式测力计结构简单紧凑，压力表量程为 25MPa，光纤光栅式传感器量程同样为 25MPa。

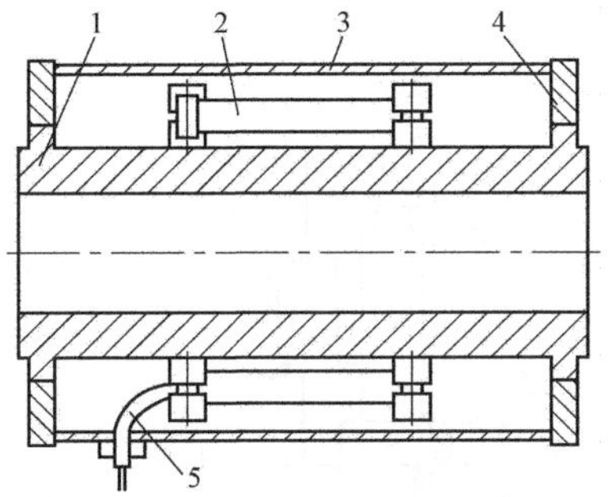

图 6-20　差动式测力计结构示意图

1—钢筒；2—差动电阻式应变计；

3—护壳；4—护盘；5—引出电缆

图 6-21　光纤光栅式测力计外形

（二）锚杆综合参数测试仪

锚杆综合参数测定仪是在原有锚杆拉拔仪测力的基础上，增加位移和环境温度的测量，根据力值和位移的逐渐变化绘制出测量曲线。此仪器具有强大的数据存储功能。在试验的全过程中将位移、力值及变化曲线定时自动存储记录在仪器中。适用于检测各种锚杆、钢筋、膨胀螺栓、锚固件抗拔力和位移的检测。

锚杆综合参数检测仪主要由手动泵、液压缸、圆环压力传感器、位移传感器、智能中文组态器及带快速接头的高压油管等组成。HCYL-60 型锚杆综合参数测试仪组成及工作原理见图 6-22、图 6-23。

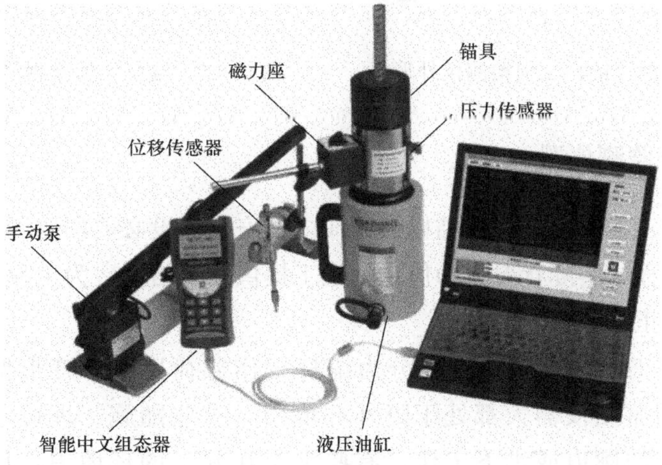

图 6-22　HCYL-60 型锚杆综合参数测试仪

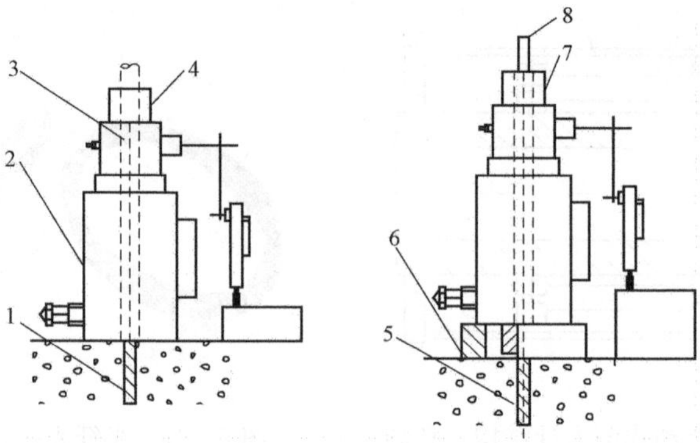

图 6-23　HCYL-60 型锚杆综合参数测试仪工作原理示意

1—被测锚杆（螺纹钢）；2—液压缸；3—压力传感器；4—锚具；5—被测锚杆（圆钢）；6—底座；7—螺母；8—加长杆

（三）锚杆无损检测仪

仪器由工控机、采集仪、发射探头、接收探头组成，外形见图 6-24，工作原理示意见图 6-25。

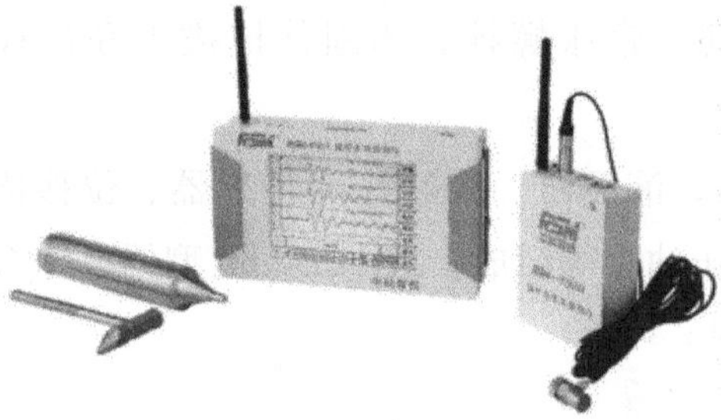

图 6-24　锚杆无损检测仪外形

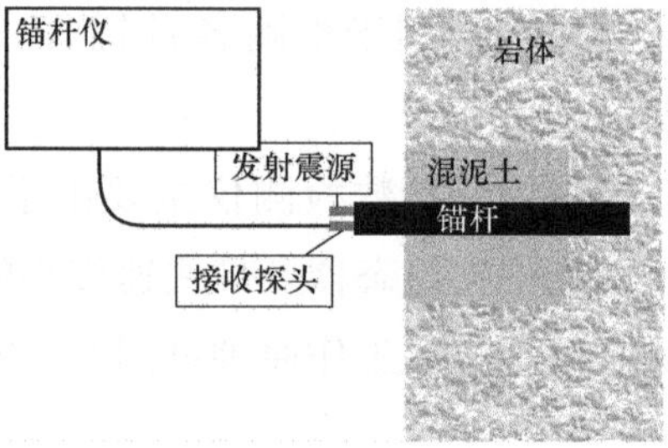

图 6-25　锚杆无损检测仪工作原理示意

三、锚杆监测仪器

锚杆支护工程中，在工程结构表面或内部安装埋设必要的监测仪器，其功能是随时监测工程的实际状况，为信息化施工提供反馈信息，为工程安全评估及支护设计反馈修正提供科学依据。

锚杆支护工程监测仪器主要分为锚杆工作载荷监测和变形监测仪器。锚杆支护工程的监测仪器大都处于野外环境中，有些随施工埋设于工程中，有些长期在潮湿的廊道或水下工作，有些常年在井下的环境中，环境条件十分恶劣。同时，监测仪器的工作时间长，有些工程施工和运行期需长达数十年以上，为达到锚杆支护工程长期安全监测的需要，监测仪器应满足以下基本要求：

（1）可靠性高。仪器在测量原理上要有较高的可靠性，对某种参量的测量不应受其他变化的影响，仪器的输出不受温度的影响或虽受温度的影响但可修正；仪器的元器件和材料应具有高品质，其性能不随时间和环境条件件发生变化；结构要牢固，能够耐受在工地现场埋设安装可能遭受的碰撞、振动，在混凝土振捣或土层碾压时不会破坏。

（2）稳定性好。仪器自身具有长期的稳定性，仪器的基准零点、最小读数、灵敏度和温度系数等性能基本保持长期不变。

（3）使用寿命长。仪器有效使用寿命一般在10年以上，要选用经过工程实践长期考验的优质产品。

（4）对恶劣环境耐受性好。耐高、低温性好，防潮密封性好良好，能够在温度－30～80℃、湿度10％～100％的条件下长期工作；耐酸、耐碱，防腐蚀；在水下工作要能承受设计规定耐水压能力。

（5）对被测参量的影响小。仪器安装后，尤其是对于一些埋设于工程中的仪器，仪器的安装或埋入不应对被测参量产生较大影响，如对被测参量有影响，最好能通过影响系数进行修正。

（6）具有足够的精度和分辨率。仪器的精度和分辨率应满足工程监测的系统误差的要求，仪器自身和外界影响引起的误差，应能通过检测或标定控制在允许误差之内。

（7）安装使用方便，操作简单，埋设、安装对于施工影响不大。

（一）锚杆工作荷载监测仪器

锚杆工作荷载监测仪器主要是锚杆测力计和锚杆应力计。

锚杆应力计是由钢筋应力计发展而来，是钢筋应力计在锚杆支护工程中的应用。钢筋应力计主要用于检测岩土工程混凝土建筑物的应力，使用于长期监测岩土工程混凝土或其他建筑物内部，测量结构物内部的钢筋应力。当钢筋应计用于测量锚杆应力时，成为锚杆应力计。装上锚杆应力计的锚杆即为观测锚杆。锚杆应力计和钢筋应力计的结构和功能基本一致。

锚杆应力计一般由钢套、连接杆、传感器和电缆组成。区别在于传感器类别。且因为仪器通常埋设于岩体或土层中，仪器无法解除，属于一次性使用仪器，只能定期检查电缆接头及读数仪。

1. 振弦式锚杆应力计

振弦式锚杆应力计主要由钢套、连接杆、钢弦式敏感部件及电磁线圈组成，外形及结构示意见图 6-26、图 6-27。

2. 电阻应变式锚杆应力计

电阻应变式锚杆应力计由连接杆、钢套、应变敏感元件及引出电缆四个主要部分组成，外形见图 6-28。

3. 光纤光栅式锚杆应力计

光纤光栅式锚杆应力计由连接杆、钢套、光纤光栅传感器及引出电缆四个主要部分组成，外形见图 6-29。

图 6-26　振弦式锚杆应力计外形

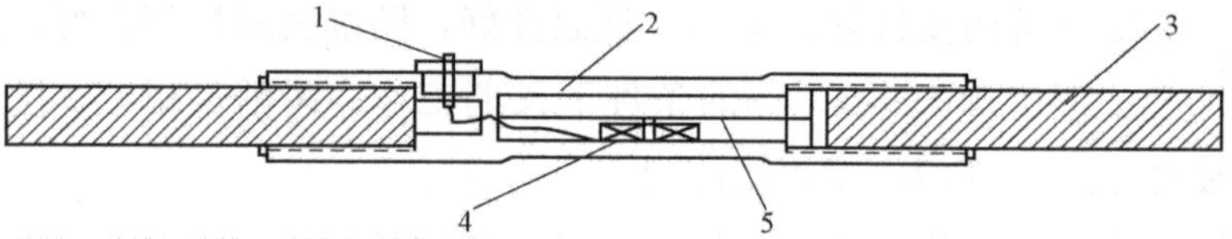

图 6-27　振弦式锚杆应力计结构示意

1—电缆；2—钢套；3—连杆；4—线圈；5—钢弦

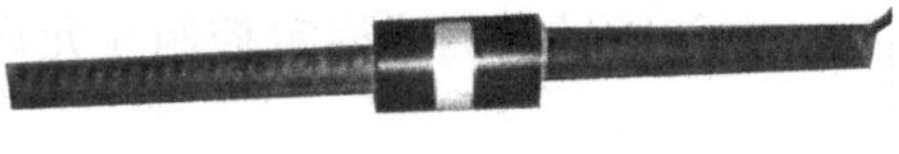

图 6-28　电阻应变式锚杆应力计

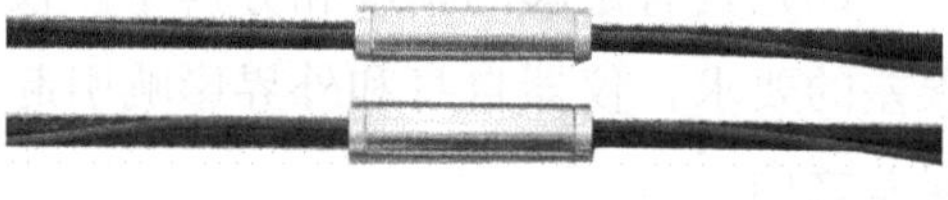

图 6-29　光纤光栅式锚杆应力计外形

4. 锚杆应力计的安装埋设

（1）锚杆应力计的组装。

1）首先按锚杆直径选配相应的锚杆应力计，安装前对已经率定好的锚杆应力计逐一进行检测，确认仪器可正常使用，同时检查接长电缆是否符合要求，做好仪器编号和存档工作。

2）锚杆应力计总长在 60～80cm 左右，需按设计要求同锚杆连接，其焊接加长工作可在锚杆加工厂预先做好（也可在现场埋设时用电焊连接方式），通常有以下几种做法：

a. 对焊。一般直径小于 28mm 的锚杆可采用对焊机对焊，此法焊接速度快，可不必做降温冷却工作，焊接强度完全符合要求。对于直径大于 28mm 的锚杆，不宜采用对焊焊接。焊接时应将锚杆与应力计中心线对正，之后采用对焊焊接法把仪器两端的连接杆分别于锚杆焊接在一起，对焊见图 6－30。

b. 熔槽焊。将仪器与焊接锚杆两端头部削成斜坡 45°～60°，用略大于钢筋直径长 30cm 的角钢，摆正仪器与钢筋在同一中心线上，不得有弯斜现象。焊接应用优质焊条，焊层应均匀，焊一层即用小锤打去蜂窝麻面，这样层层焊接到略高为止。为了避免焊接时温度过高而损伤仪器，焊接时，仪器要做一定的降温处理，焊接过程避免温度高于 60℃。焊接处不得洒水冷却，以免焊层变硬脆。熔槽焊见图 6－31。

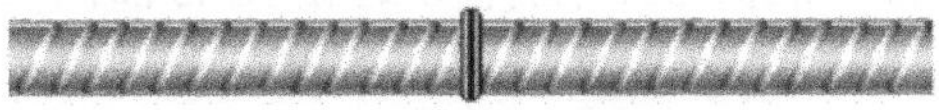

图 6－30　对焊连接

图 6－31　熔槽焊

c. 绑条焊。要求锚杆与应力计中心线对正，同时采用对称的双绑条焊接，绑条的面积应为锚杆的 1.5 倍，绑条与锚杆和连接杆的搭接长度应为 5 倍锚杆直径。绑条焊见图 6－32。

d. 螺纹连接。连接杆与锚杆采用螺纹连接。螺纹连接见图 6－33。

图 6－32　绑条焊

图 6－33　螺纹连接

（2）安装埋设。根据设计要求，可以在锚杆的一处或多处安装锚杆应力计。接有锚杆应力计的锚杆通常埋设在岩体的钻孔中，可采用以下方式安装：

1）钻孔灌浆填充埋设法。锚杆应力计埋设于岩体钻孔中，并用水泥浆封固。锚杆应力计现场埋设时，当钻孔直径大、无需快速连续下一道工序，可采用水泥灌浆封孔。灌浆时，应在设计规定的压力下进行，砂浆固化后，测其初始值。当钻孔孔径小，且有后续工序连续作业时，可采用锚固剂填充，使之快速凝结，并于岩体固结为一个整体，形成后续工序的撑点。采用钻孔内灌浆或填充时，可以在一根锚杆的一处或多处安装锚杆应力计，实现沿锚杆不同深度的多点监测。

2）钻孔不灌浆。锚杆应力计在孔底锚固，孔内不灌浆。

（二）锚杆支护工程变形监测仪器

锚杆支护工程变形监测仪器包括围岩内部变形监测仪器及表面位移监测仪

器。主要有位移计、应变计、测微计、测斜仪等，内部变形监测仪器主要有收敛计等。

1. 围岩内部变形监测仪器

位移计按工作原理可分为振弦式位移计、差动电阻式位移计、滑线电阻式（电位器）位移计以及光纤光栅式位移计；根据安装方式不同，又可分为表面安装式与埋入式位移计；根据测点的个数，又可分为单点位移计与多点位移计，多点位移计是指监测岩体同一钻孔中沿其长度方向不同深度的轴向位移的位移计。

（1）单点位移计。位移计用于测量岩石、混凝土、土体等的钻孔的轴向变形，也可埋入筑堤的土体如土坝和公路填土中，用于测量土坝、土堤、边坡等结构物的位移、沉陷、滑移。

1）振弦式位移计：振弦式传感器是目前国内外普遍重视和广泛应用的一种非电量电测的传感器。采用振弦式传感器，主要由传动杆、弹簧、振弦、线圈、保护筒和连接杆等部件组成。具有抗干扰能力强、受电参数影响小、零点飘移小、受温度影响小、性能稳定可靠、耐震动、寿命长等特点。

振弦式位移计结构及外形见图 6-34、图 6-35。

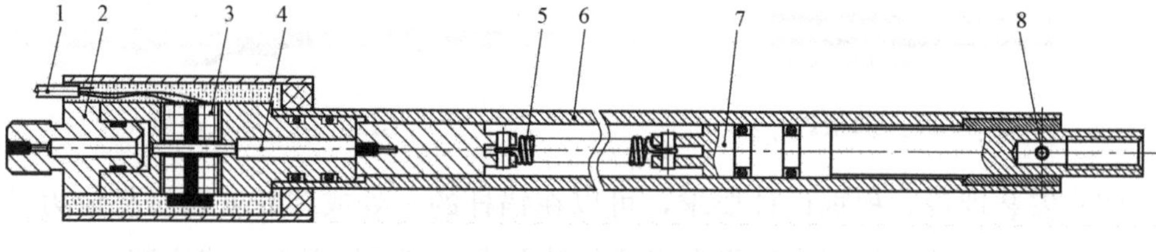

图 6-34　振弦式位移计结构

1—电缆；2—弦式敏感件；3—线圈；4—钢弦；5—弹簧；6—保护管；7—滑杆；8—销子

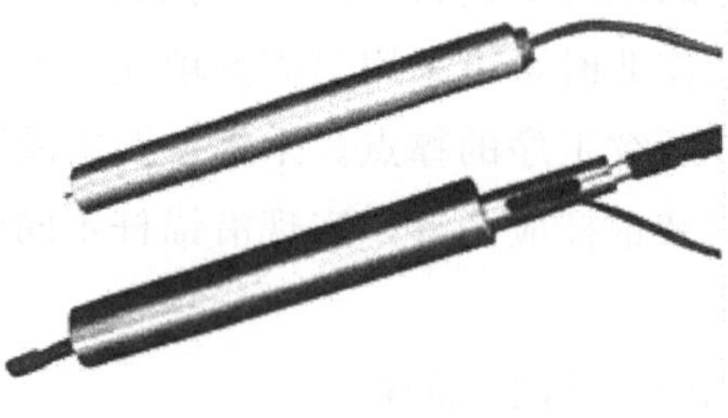

图 6-35　振弦式位移计外形

2）差动电阻式位移计：差动电阻式位移计主要由差动电阻式敏感元件、密封壳体、位移杆、万向节及引出电缆等部分组成。差动电阻式位移计结构见图 6-36，外形见图 6-37。

3）滑线电阻（电位器）式位移

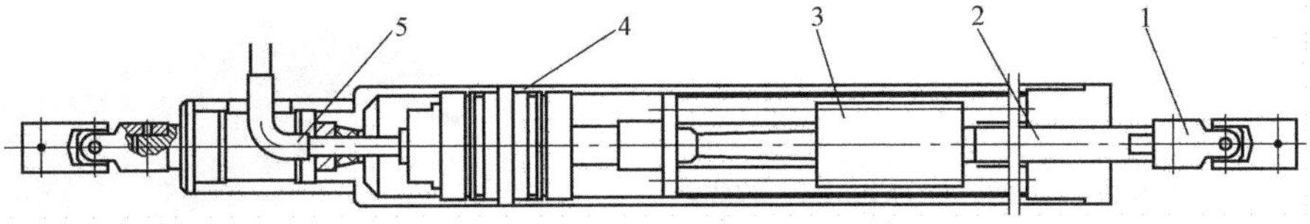

图 6-36　差动电阻式位移计结构

1—万向节；2—位移杆；3—敏感元件；4—密封壳体；5—引出电缆

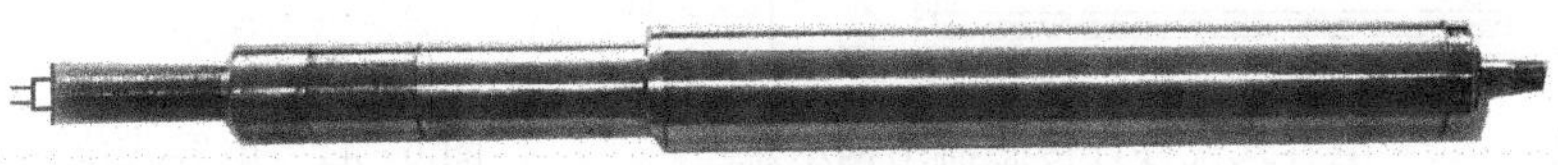

图 6-37　差动电阻式位移计外形

计：滑线电阻式位移计由法兰、传感器元件、连接杆、护管等组成。特点是结构简单，输出信号大，使用方便，价格低廉，受环境因素（如温度、湿度、电磁场干扰等）影响小。缺点是易磨损。滑线电阻式位移计结构见图 6-38，外形见图 6-39。

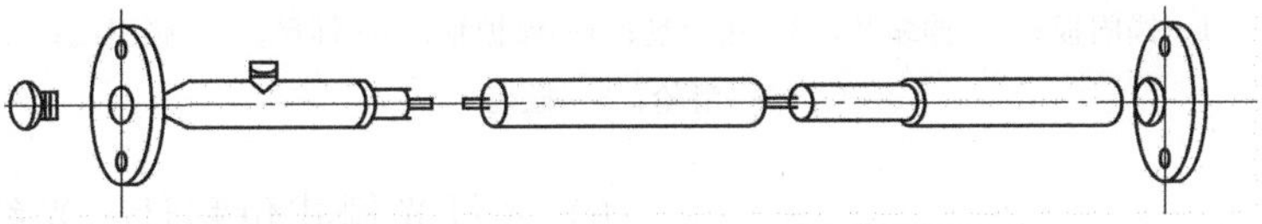

图 6-38　滑线电阻式位移计结构

4）电容式位移计：电容式位移计主要由电容式传感器、密封壳体、位移杆、万向节及引出电缆等部分组成。电容式传感器结构见图 6-40，电容式位移计外形见图 6-41。

5）引张线式水平位移计：引张线式水平位移计是一种利用恒张力的引张线测量沿铟钢丝方向监测点水平位移量的监测仪器。由测点部件（锚固板、锚固装置和引张线）、保护管（含伸缩节）、张力装置和测量装置构成。引张线式水平位移计结构见图 6-42，外形见图 6-43。

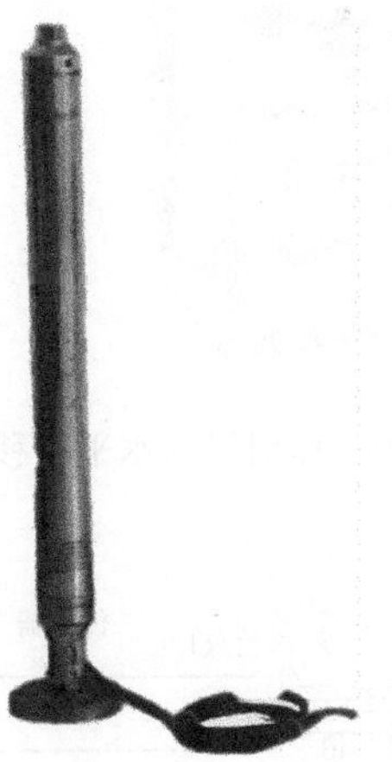

图 6-39　滑动电阻式位移计外形

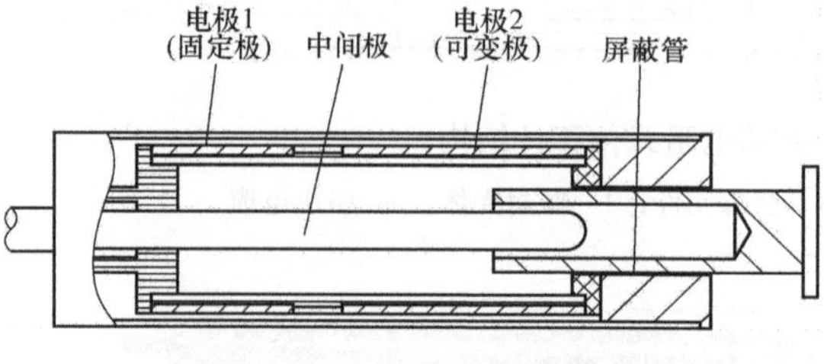

图 6 - 40　电容式位移计传感器结构示意

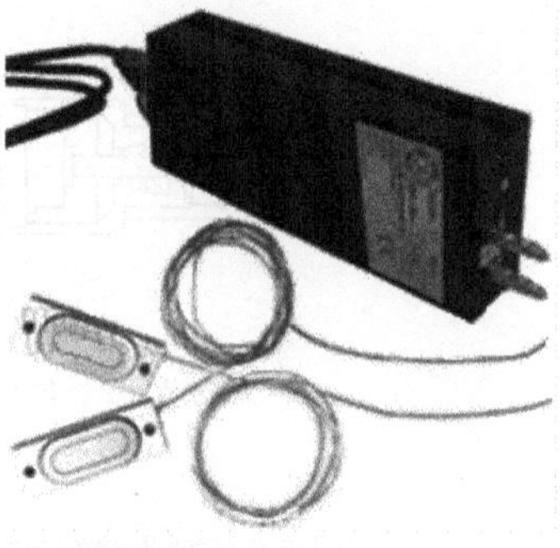

图 6 - 41　电容式位移计外形

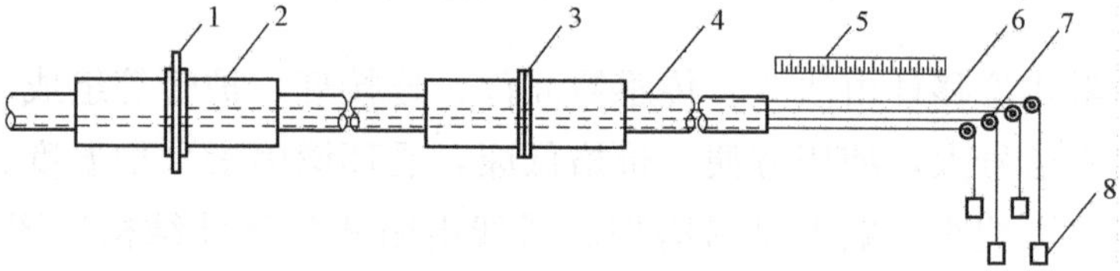

图 6 - 42　引张线式水平位移计结构示意

1—锚固板；2—伸缩节；3—法兰盘；4—保护管；5—标尺；6—张引线；7—滑轮；8—砝码

图 6 - 43　张引线式水平位移计外形

6）光纤光栅式位移计：光纤光栅式位移计由法兰盘、传感器、光缆、弹簧管、测杆、连接杆等组成。光纤光栅式位移计本质安全，不受电磁干扰、抗腐蚀、抗污染、抗雷击能力强，可在强电磁干扰、高雷击、易燃、易爆等恶劣条件下应用，且传感信号传输距离远。内部安装一只光纤光栅温度传感器，可补偿温度变化引起的影响。光纤光栅式位移计结构见图 6 - 44，外形见图 6 - 45。

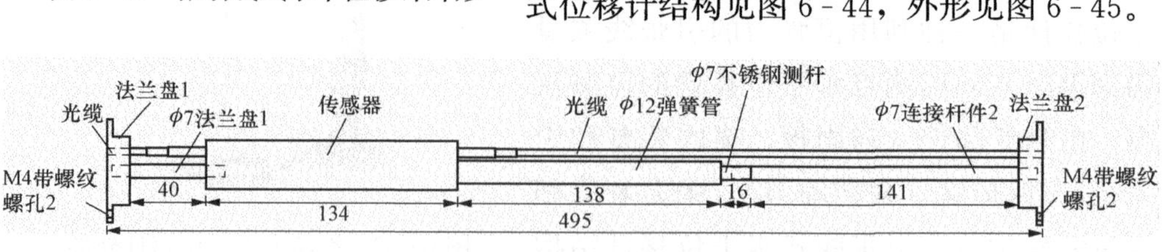

图 6 - 44　光纤光栅式位移计结构示意

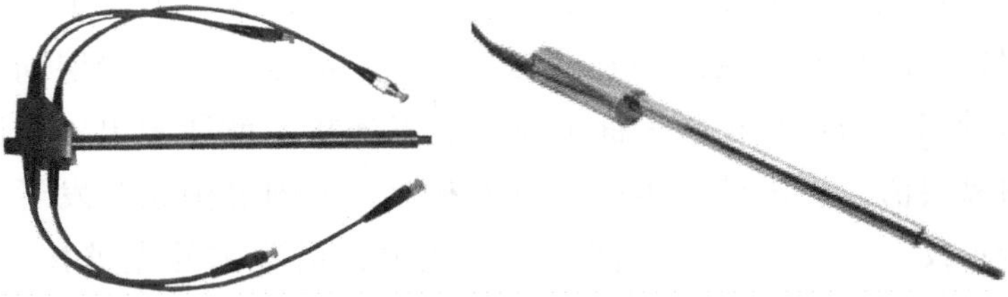

图 6-45　光纤光栅式位移计外形

7）位移计的安装埋设：

a. 在结构物表面安装。根据设计确定的埋设位置和方向，在定位的结构物上进行固定，检查位移计工作是否正常，同时检查位移计各种配件是否齐全、完好，确认后将传感器、万向节、加长测杆装配在一起。各部件连接在一起，然后确定好传感器测杆的初始位置，调整好各连接杆的相互位置并紧固。位移计测杆的初始位置根据实际需要合理分配传感器拉和压的测量范围确定。安装完成后应及时测量位移计的初始值，安装好的位移计电缆应按设计走向埋设固定好，集中引出，并注意保护。

b. 在填土中安装埋设。在已压实的填土中挖出一个窄而平的地沟，放入位移计，采用人工方法用砂或细土将位移计覆盖，在覆盖过程中将不平的部分用砂土再次找平。人工回填后应进行密实。

c. 在钻孔内安装埋设。位移计用于测量钻孔的轴向变形时，钻孔的深度应超出最深处位移计一定深度，将位移计放入孔中，用杆将位移计推至指定位置。最后进行灌浆处理，水平方向的孔要向下稍作倾斜以便于灌浆并避免产生气泡，垂直孔要用专门的灌浆器具。

d. 在混凝土中安装埋设。位移计直接放入混凝土中，可在浇筑混凝土前用金属丝绑扎在钢筋架或钢筋网中。

（2）双点位移计。双点位移计常指顶板离层仪（矿山系统）。巷道开挖后，围岩产生变形，顶板出现下沉。顶板不同深度的位移是不相同的，一般浅部岩层的位移较大，深部岩层的位移较小，导致浅部岩层与深部岩层出现位移差。位移差由于岩体的弹塑性变形、结构面（层理、节理、裂隙等）变形等组成。在结构面比较发育的条件下，结构面变形占主要部分，而且是影响顶板稳定性的主要因素，因此，顶板的这种位移差又称顶板离层。测量锚杆支护巷道锚固区内外顶板离层大小，对评价锚杆支护效果和巷道安全程度具有重要意义。顶板离层仪是多点位移计的一种，是测量锚固区内外顶板离层值的仪器。顶板离层指示仪在顶板钻孔中布置两个测点：一个设置在锚杆端部位置，另一个设置在比较稳定的深部围岩中。在两个测点处安设固定器，固定器与顶板岩层同步移动。将固定器用测量钢丝与设在顶板表面的测读装置连接，就能测出锚固区内、锚固区外和总的离层值。在国外，美国、澳大利亚、英国等国家开发了多种形式的顶板离层指示仪，在井下得到广泛应用。我国在借鉴国外先进技术的基础上，也研制出多种离层指示仪，按工作原理分有机械式、电测式，按形式分有竖式、T型以及托盘式。近年来还开发了智能离层指示仪、顶板离层在线监测系统等新产品，功能更加齐全，监测更为方便、快速。下面介绍几种常用的顶板离层仪。

1）机械式顶板离层仪。顶板离层指示仪主要由固定器、测量钢丝、套管、测读装置组成。测读装置由两个贴有反光膜和带有刻度标志的圆管条组成。套管插入钻孔中，是读测装置的基准点。深基点固定器应固定在稳定岩层内，一般为5～10m。浅基点固定在锚杆端部位置，根据锚杆长度确定。不同类型的机械式顶板离层仪如图6-46、图6-47、图6-48所示。

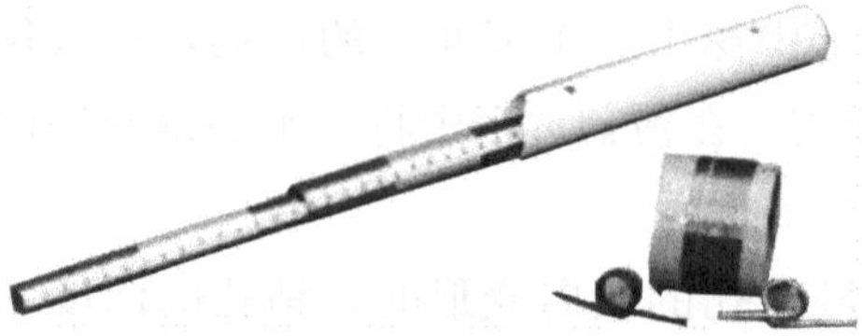

图6-46　竖式顶板离层仪

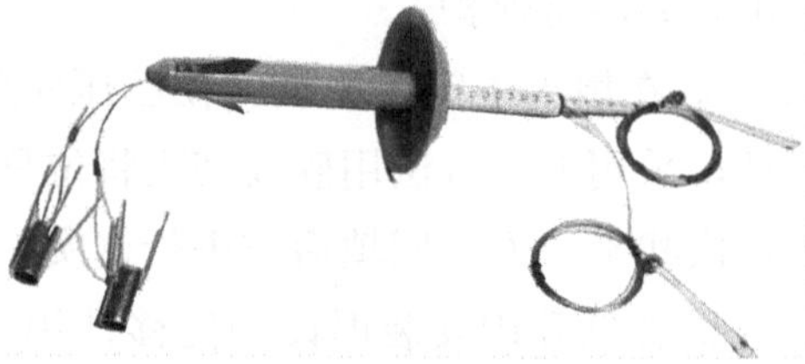

图6-47　托盘式底板离层仪

2）电测式顶板离层仪。电测式顶板离层仪由固定器、套管、测量钢丝、信号转换器及数显表组成，其外形见图6-49。

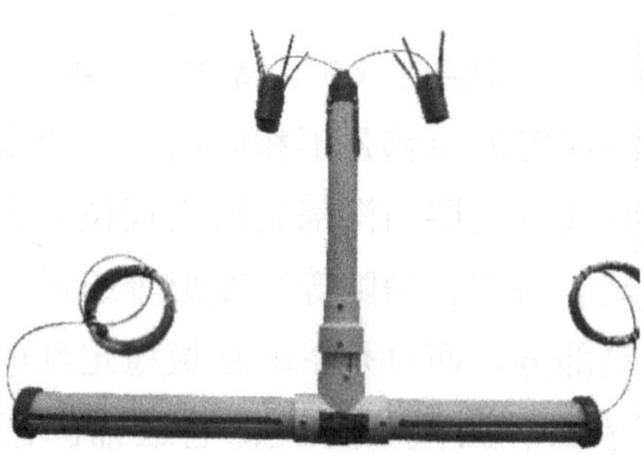

图6-48　T型顶板离层仪

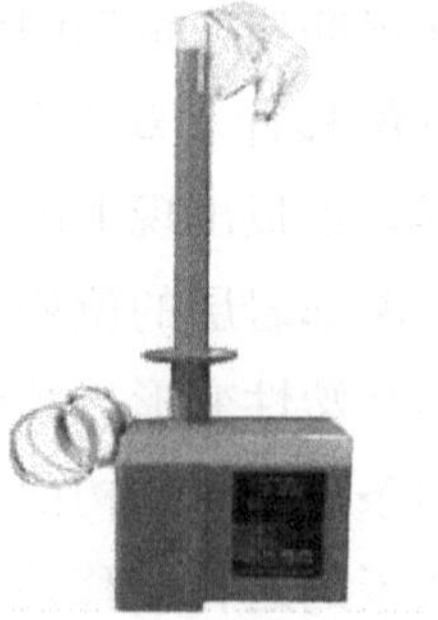

图6-49　数显式顶板离层仪外形

3）报警式顶板离层仪。LBY-1型顶板离层指示仪是一种报警式离层指示仪，当顶板离层量达到一定值时，可以声光报警。LBY-1型顶板离层指示仪主要由圆刻度盘与传动装置、报警装置、测绳张紧装置及机壳四部分组成，报警式顶板离层仪外形见图6-50。

4）顶板离层仪的安装与观测（以机械式为例）。为了全面、准确地反映顶板位移情况，顶板离层指示仪应紧跟掘进工作面安装。安装步骤如下：

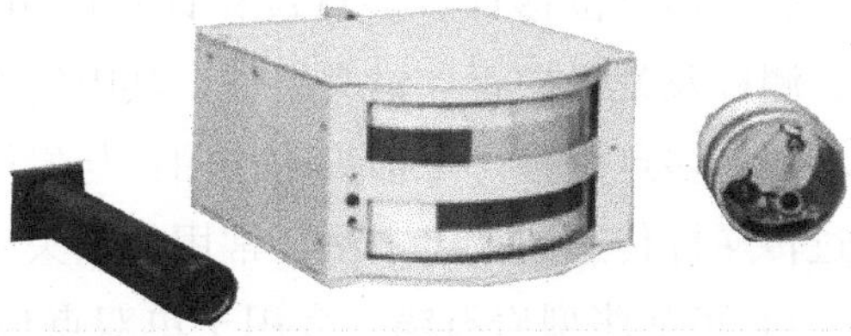

图6-50　LBY-1型顶板离层指示仪外形

a. 先安设深基点固定器。将测绳由空心安装杆内穿过，用安装杆把固定器送至设计位置，送入时，用手拉紧测绳。

b. 将另一测绳穿过安装杆，用手拉紧测绳，将浅部固定器送至设计位置。

c. 将两根测绳穿过外测筒，按图示连接外测筒，注意将标尺0点少许（5mm左右）露在顶板外。

d. 连接内测筒，将内测筒标尺0点与外测筒下端面对齐。

e. 安装套筒，应使外测筒标尺0点对准套筒底边。

f. 记录初读数，安装完毕。

机械式顶板离层仪的安装与观测见图6-51。

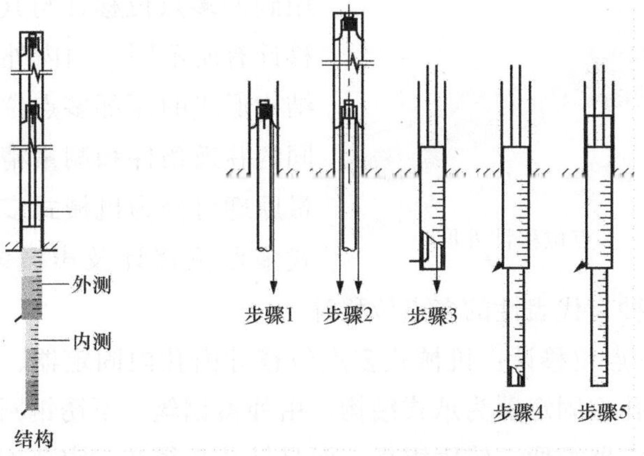

图6-51　机械式顶板离层仪的结构与观测示意

在受掘进与回采工作面采动影响范围内，应观测顶板离层值，而且观测频度要密。在采动影响范围外，除非顶板离层值仍有明显增长的趋势，一般可停止测读具体数据，改为观察两个刻度坠的颜色。离层指示仪以红、黄、绿三种颜色表示顶板离层的严重程度。绿色表示顶部离层值较小，处于稳定状态；黄色表示离层已达到警界值；红色则表示顶板离层值较大，进入危险状态。

（3）多点位移计。多点位移计一般由三个部分组成：安装基座及传感器组件、测杆及其保护管、锚头组件。其中传感器即为上述介绍位移计，此处不再展开叙述。多点位移计中锚头的作用：与岩体锚固在一起同步位移，将岩土体位移通过传递杆传递到孔口观测，常用的锚头有如下四种：

1）可膨胀型岩石锚。多用于单双点位移计，快速安装。具有较大膨胀量和扭力，在表面不平破碎岩石钻孔或受到爆破作用的地方能够有效地锚固。

2）弹簧锚头。适用于钻孔均匀平滑的坚硬岩石中，安装简捷，特别适用于同一钻孔有两个或更多锚头的位移计。

3）灌浆锚头。位移计先装好锚头与传递杆永久接触，再灌浆定位锚固。

4）液压锚头。用于土壤或软基，特别是预期要产生明显位移的钻孔。

传递杆常用的除了刚性的不锈钢杆或铝杆外，国外还用柔性杆。这种柔性杆是用涂油的不锈钢、铟钢、碳化纤维、玻璃纤维制成并包封在光滑配合的塑料管中，可盘成1～2m直径的圈，适用于有横向剪切的钻孔。多点位移计外形如图6-52所示。

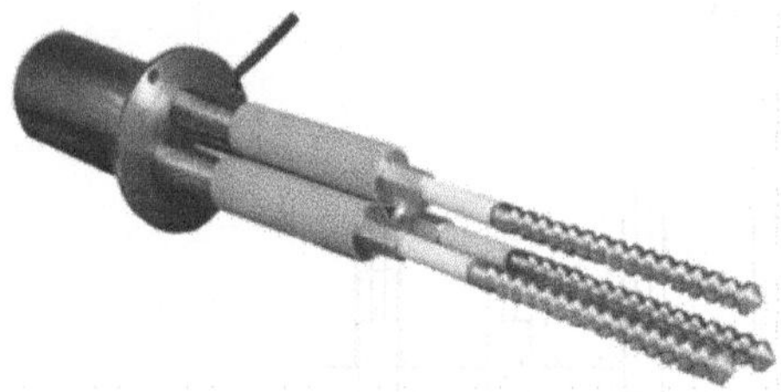

图6-52　多点位移计外形

（4）矿用深部多点位移计。煤矿中用到的多点位移计与其他行业用多点位移计有所不同。国内外已经开发出多种结构形式的深部多点位移计，以适应不同的巷道条件和测量精度的要求。按测量原理可分为机械式多点位移计、电测式多点位移计及声波多点位移计等类型。以下介绍几种有代表性的多点位移计。

1）机械式多点位移计：机械式多点位移计由孔内固定器、测量钢丝及孔口测读装置组成。孔内固定器为爪式结构，由弹簧钢丝、不锈钢圆管和环型垫圈组合而成。这种固定器简便、锚固牢靠，而且钻孔直径在一定范围内发生变化基本不影响固定效果。测量钢丝选用直径1mm的不锈钢丝。钢丝一端固定在孔内固定器上，另一端与孔口测读装置相连。不锈钢丝长期使用变形量很小，不影响精度，而且适用于井下潮湿环境。采用圆盘直读式测读装置。在巷道表面安装位移测读装置，将测量钢丝与之相连。通过变向机构将钻孔内测点的直线运动转变为孔口圆盘的圆周运动。每个测点一个圆盘，各圆盘集中布置。在圆盘圆周上标有以毫米为单位的刻度，从圆盘上可直接读出钻孔内各点的位移值。机械式多点位移计结构见图 6-53，实物见图 6-54。

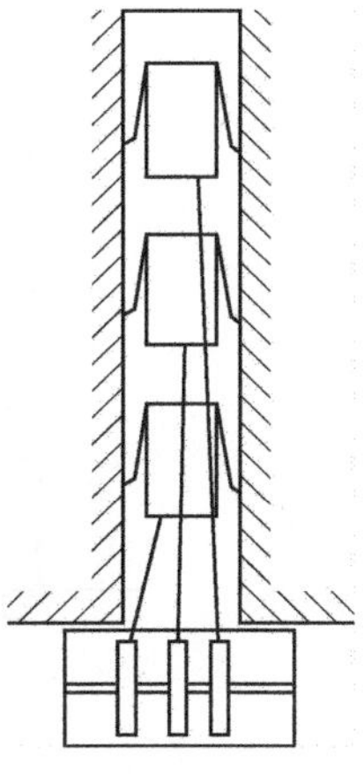
图 6-53　机械式多点位移计结构

2）电测式多点位移计：电测多点位移计主要由固定器、测量钢丝、安装套管、JW-6 型位移传感器、位移检测仪及电缆组成，外形如图 6-55 所示。仪器的位移读数仪可由电缆引出到较远的位置，可实现遥测，能在采空区、危险巷道测量。仪器选用低功耗大规模集成电路，具有性能稳定、操作方便、显示清晰、体积小、质量小等特点。安装时，首先按照设计要求钻孔，安装基点固定器。将测量钢丝穿过套管，并把套管安装牢固。在钻孔附近合适地点钻 2 个浅孔，并打入木塞，用铁钉将位移传感器安装稳固。将各个基点的测量钢丝与位移传感器上的接头连接，保持钢丝处于张紧状态。测量时，将多芯插头与位移检测仪连接。打开检测仪，依次按动仪表面板上的触摸开关，仪表显示窗立即显示出各测点的位移量。电测式多点位移计井下安装见图 6-56。

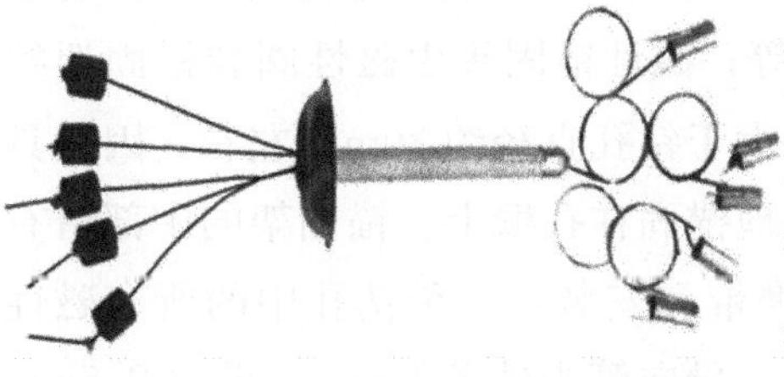
图 6-54　机械式多点位移计外形

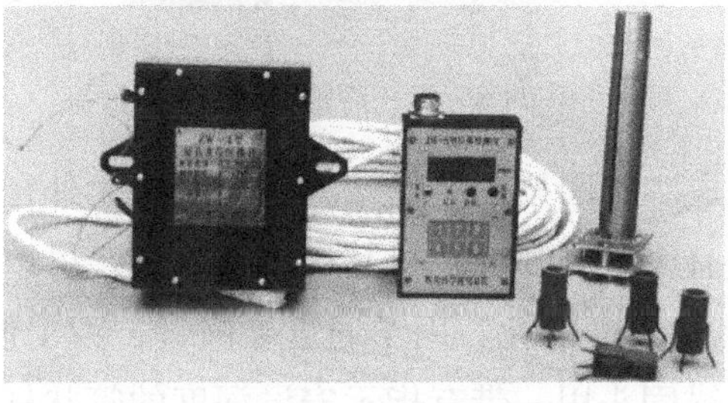
图 6-55　电测式多点位移计

由于电测式多点位移计的使用特点，该仪器不适于在瓦斯矿井中使用。

3）声波多点位移计：声波多点位移计，测点多、测量精度高、安装使用方便，在美国、澳大利亚、英国等采煤技术先进的国家得到广泛应用。我国也引进了这种先进的仪器，在邢台、兖州、潞安、晋城等矿区应用，取得良好效果。声波多点位移计主要由柔性声波探头、声波测读仪、磁性锚固头及导向套管等部件组成，如图 6-57 所示。声波探头主要由圆柱形信息发射与接收装置和导线组

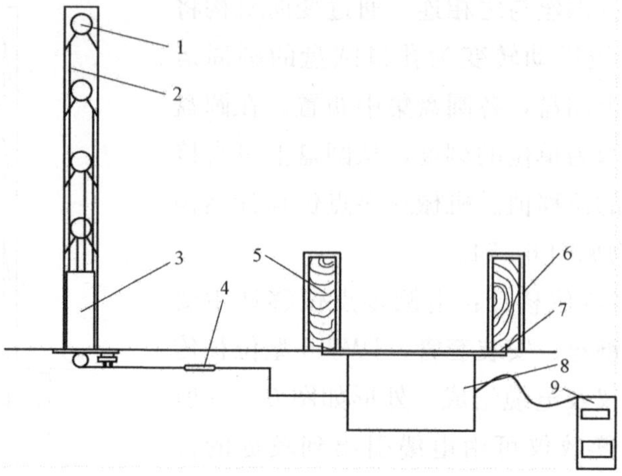

图 6-56　电测式多点位移计井下安装示意

1—测点；2—拉线；3—孔口导向器；4—接线板；5—木楔；6—木楔安装孔；7—螺钉；8—位移传感器；9—位移检测仪

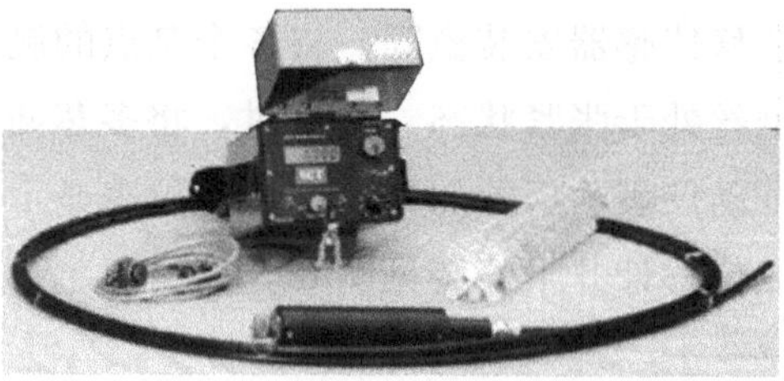

图 6-57　声波多点位移计

成。导线长度 7.2m。为了便于携带和保护探头，随机配有环形玻璃钢制携带架；声波测读仪用于采集声波探头的数据，可接受 20 个不同的观测数据。数据记录主要包括日期、时间、工作面推进距离、各点的读数等；磁性锚固头由磁性圈和锚固架组成。锚固架由工程塑料制作，最大外径尺寸大于钻孔直径约 30mm 左右，因其具有很好的弹性，将其送入钻孔后，可以牢固地锚固在孔壁上。锚固架的中部留有 ϕ20mm 的孔，用于通过导向管。为了便于携带和安装，一个钻孔中的所有磁性锚固头用一带有指示安设深度的管状杆串起。导向管为外径 18mm、壁厚 2.5mm 的工程硬塑料管，其作用是：为探头上的导线顺利插入钻孔起导向作用；使探头导线在长度方向相对固定。导向管的长度比钻孔深度长 800～1000mm，在导向管的底端折回 300～500mm，用胶带固定。为了将导向管固定，用不带有磁性圈的锚固头作为孔底锚固装置。仪器安装时：①钻孔采用 ϕ55mm（或 ϕ42mm）的钻头在巷道顶板钻 7.5m 深的孔；②连接安装杆，将四个带刻度标志的安装杆（总共 8m 长）依次连起来；③将导向管插入安装杆中，导向管上部带有两个无磁锚固头，使安装杆 0 刻度朝前；④用安装杆将两个无磁锚固头推入孔底或

7.4m处，带动导向管一起上移，将导向管安好（由于安装管上有刻度，所以把某一刻度与顶板平齐就显示了该锚固点在孔中的深度）；⑤抽出安装杆；⑥将第一个锚固头从安装深度杆上拿出（安装杆上显示该锚固头应安设的深度7.4m），串到导向管上，用安装杆推入指定位置；⑦重复第⑤和第⑥步的操作，将其余锚固头送到预定位置，最下一个锚固头是双锚头，安装时应使最下一个固定在距孔口约20～50mm处；⑧剪断导向管，使其外露长度为300mm左右。数据采集时，将柔性探头从携带架中取出，将柔性导线沿着钻孔中的导向管插入孔中。为防止探头从孔中掉出，用胶带把探头和导向管牢固地粘在一起。在读数时，尽量拉直导线，以使读数稳定和准确；将柔性探头与声波测读仪用电缆线连接起来，进行读数；设置读数形式，读数窗口上的数字可显示孔内某个（1～20）磁性锚头与最底部磁性锚头的位移，也可为任意两相邻磁性锚头间的位移；记录测量日期、时间，测站距采掘工作面的距离，各测点的读数等；探头拆装，拆掉导向管与探头的黏结胶带，抽出柔性探头和导线，放入携带架中，使探头处于自由放松状态。

（5）测斜仪。测斜仪是一种有效且精确地测量土层内部水平位移或变形的工程测试仪器。测斜仪一般由测头、测斜管、电缆和测尺以及读数仪表四个部分构成，测斜管有圆形和方形两种，国内多采用圆形。测斜仪的工作原理是测量测斜管轴线与铅垂线之间的夹角变化，从而计算土体在不同高程的水平位移。当土体产生位移时，管子随土体同步位移，测管的位移量即为土体的位移量。放入管内的测头，测出的量是各个不同分段点上测斜管道的倾角变化ΔX_i，而该段测管相应的位移增量：

$$\Delta S_i = L_i \sin\Delta X_i$$

式中　ΔS_i——位移增量，mm；

ΔX_i——倾角变化，rad；

L_i——单位管长，mm。

按使用方式不同，分固定式和滑（活）动式两种。固定式埋设于结构物内部的固定点上；滑（活）动式在锚杆支护工程内埋设有导槽的测斜管，间隔一定时间将测头放入管内沿导槽滑动，测定斜度变化，计算水平位移；按测头传感器工作原理又可分为伺服加速度式测斜仪、振弦式测斜仪、电阻应变片式、差动电容式、光纤光栅式测斜仪等多种，目前常用的是伺服加速度式、电阻应变片式及光纤光栅式测斜仪。

1）伺服加速度式测斜仪：伺服加速度式测斜仪由电缆插座、导向轮、伺服传感器及壳体组成，伺服加速度式测斜仪结构见图 6-58，外形见图 6-59。

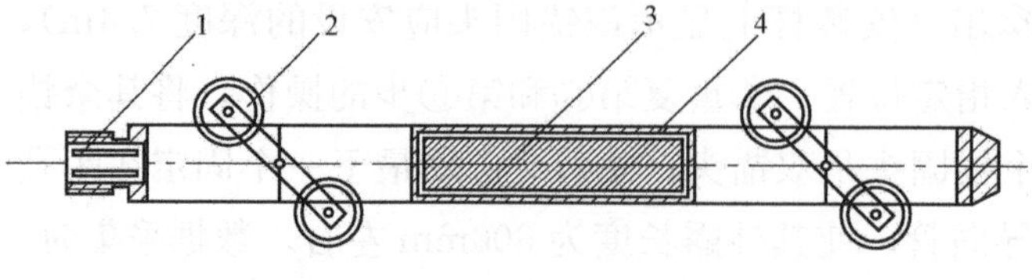

图 6-58 伺服加速度式测斜仪结构示意

1—电缆插座；2—导向轮；3—伺服传感器；4—壳体

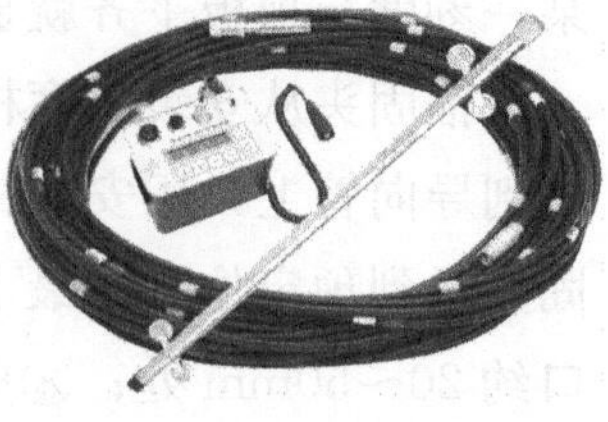

图 6-59 伺服加速度式测斜仪外形

2）电阻应变式测斜仪：基本组成同伺服加速度式测斜仪，不同之处在于测头传感器为电阻应变式。

3）光纤光栅式测斜仪：光纤光栅式测斜仪基本组成同伺服加速度式测斜仪，不同在于测头传感器为光纤光栅式。光纤光栅式测斜仪结构见图 6-60，外形见图 6-61。

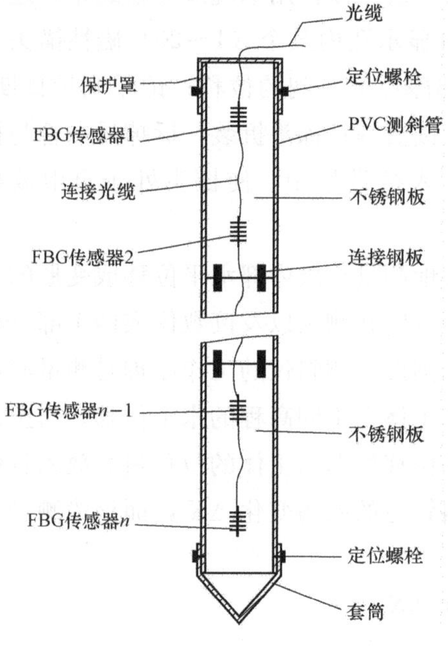

图 6-60 光纤光栅测斜仪结构示意

（6）应变计。应变计用来测量结构物内部的应变量，并可同步测量埋设点的温度。应变计加装配套附件可组成多向应变计组、岩石应变计等测量应变的仪器。大弹模应变计主要用于高仓位混凝土连续浇筑，如地下连续墙、防渗墙、灌注桩等工程场合。应变计分为振弦式应变计、差动电阻式应变计、电阻式应变计以及电感式应变计。实际应用中，还

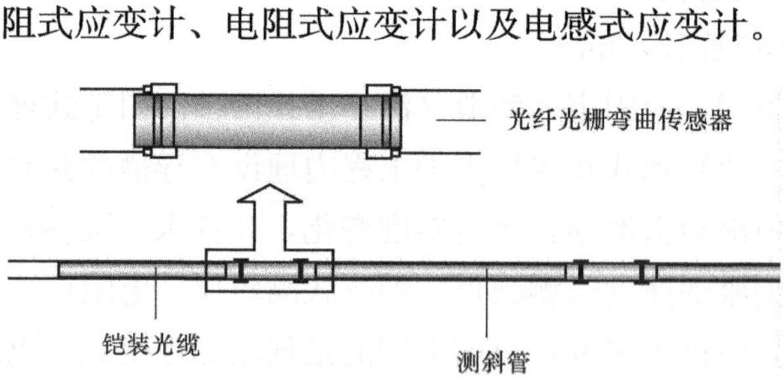

图 6-61 光纤光栅式测斜仪外形

有光纤光栅式应变计等。其基本组成相同，如图 6-62 所示。此外，同应力计一样，根据安装方式的不同，可分为埋入式和表面式，区别在于端座型式的不同。图 6-63 与图 6-64 分别为埋入式与表面式应变计外形图。以下对常用的应变计进行简单介绍。

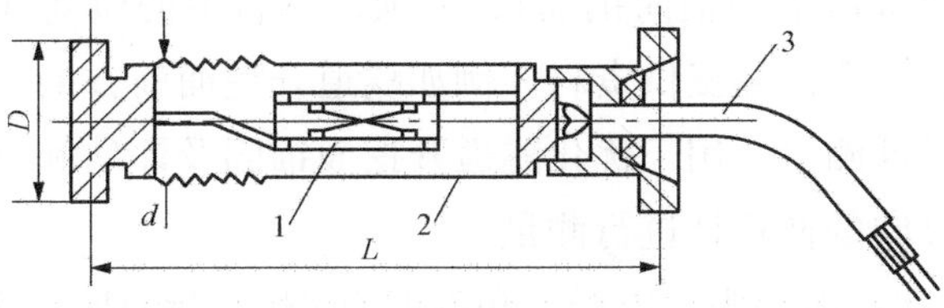

图 6-62　应变计结构示意

1—敏感元件；2—密封元件；3—引出电缆；两端为基座

图 6-63　埋入式应变计外形

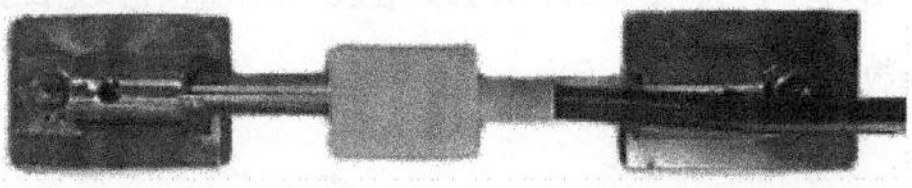

图 6-64　表面式应变计外形

1）振弦式应变计：振弦式应变计主要由端座、护管、振弦、激振及拾振线圈等部分组成。振弦式应变计结构见图 6-65、图 6-66 所示。

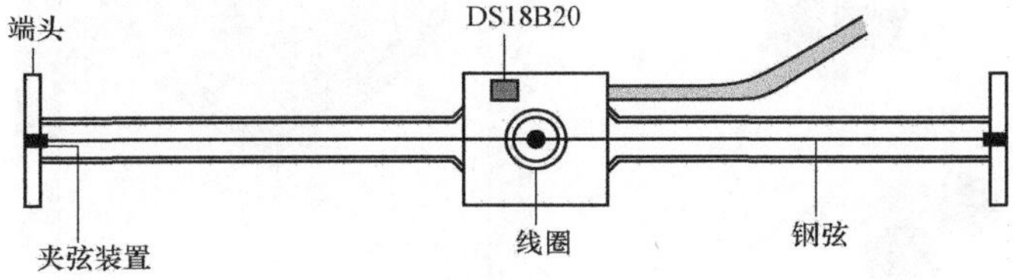

图 6-65　振弦式应变计结构示意

2）差动电阻式应变计：敏感元件为差动电阻。

3）光纤光栅式应变计：敏感元件采用光纤光栅传感器。

（7）滑动测微计。滑动测微计是监测岩石、混凝土和土中沿某一测量线方向的应变和轴向位移计的全部分布情况的仪器。从原理和功能来看，是一种新颖的多点位移计。滑动测微计在岩土工程中适

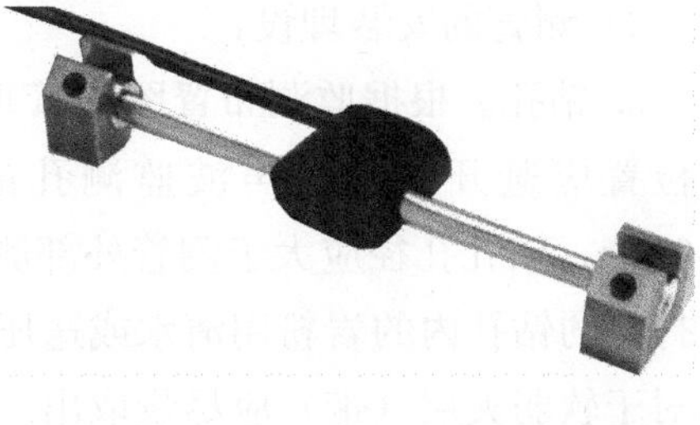

图 6-66　振弦（表面）式应变计外形

用范围较广，在锚杆支护工程监测中，可提供岩石和土体中被测区域或结构的性状，以及结构和基础之间的相互作用信息。在挡土墙（桩）或大坝及山体基岩中埋设专用PVC测管（类似测斜管），我们就可以很方便地使用仪器在任何时间测得相应测管在轴线方向上对应的各点的应变（应力）值，把这些结果适当处理就可以获得桩体（或桩体中的轴向钢筋）、大坝、基岩中的应变（应力）连续变化规律曲线，为工程安全监测提供资料。例如隧道开挖面前方的位移测量，由滑动测微计或滑动变形计测量，用于优化隧道开挖面锚固及评估和维护其稳定性。这些测量也可以由反向的伸长计进行测量。

1）滑动测微计：由探头、电缆、角线盘和测读仪组成。探头的两个测头做成球面，探头内设有线性位移传感器，在测量位置上通过两个测环感应产生一个与两测量环实际间距成比例的电信号。滑动测微计输出信号是线圈间的标距与两测量环实际间距的差值。测量电缆配有绞线盘。滑动测微计见图6-67，锥球测微计见图6-68。

图6-67　滑动测微计

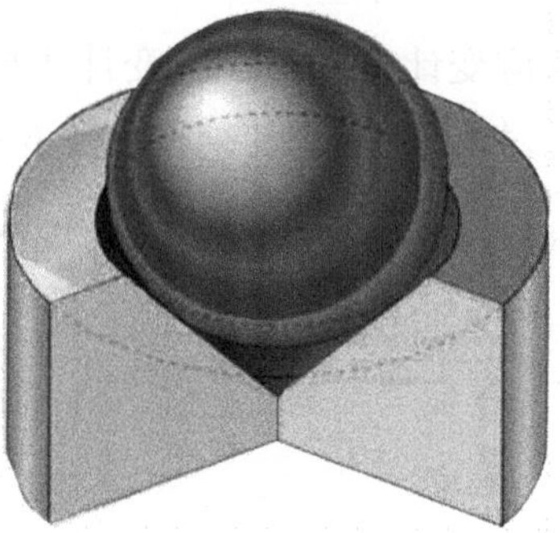

图6-68　锥球测微计

2）测管的安装埋设：

a. 钻孔。根据监测布置图测管埋设位置，并进行测量定位，做好标识。测管位置应避开锚杆和声波监测孔的位置；测孔孔径一般为125mm，不大于150mm，钻孔孔径应大于测管外部测量环外径30mm，便于灌浆管顺畅上下；对已打好的钻孔内的岩粉用清水或送压缩空气清洗干净；钻孔岩芯应尽量取全，特别对于软弱夹层（带）应尽量取出。

b. 测管准备。埋设前检查测量环的质量，将测量环的油渍清洗干净，检查所有测管是否平直，管内是否通畅，长度是否一致；将带有测管底盖的第一根测管用密封胶与测量环连接。定位后，将测量环上好螺钉并用密封胶带裹好以防灌浆浆液渗入。然后用同样的方法在该管的环形测点上再连接第二根测管和第三根测管。按上述方法将两根测管及环形测点连接好直至测控深度所需的全部测管及测环；记录好安装测环的数量及孔底与孔口处测量环的位置。

c. 测管埋设。对下倾斜测孔，为防止地下水和浆液对测斜管的顶托，灌浆之前应向测斜管内注入清水，保证管内外水压平衡，避免测斜管浮起，且利于渗入的浆液稀释，保证测斜管通畅。

测斜管与钻孔之间应用水泥砂浆回填，标号一般为 M10～M20，为保证凝固后的水泥浆与钻孔周围介质的弹模匹配，灌浆前应事先进行试验确定浆液的配比。灌浆管宜采用橡胶管或塑料软管，对垂直孔、斜孔，应在橡胶管或塑料软管的末端接一根外径与橡胶管或塑料软管内径相同的钢管，以便于橡胶管或塑料软管顺畅进入孔内。灌浆管应放入离孔底 1m 处左右，边灌浆边提升灌浆管，在下灌浆管时要防止灌浆管对测斜管撞击，特别要防止对环形的冲击。对水平孔和仰孔，将排气管捆扎在测斜管外壁，随测斜管进入孔底，排气管末端应比测斜管底部长 1m。在孔口插入灌浆管，并用水泥砂浆密封孔口。灌浆结束后应及时安装孔口保护装置。水泥浆初凝和终凝，都应用滑动测微计探头对全孔进行探测，以检查测斜管和环形测点是否通畅。测量测斜管孔口的坐标，记录在考证表内。

（8）测缝计。测缝计用于在岩土锚杆支护工程中测量锚固体周边缝或伸缩缝的开合度（变形），可按单向侧缝安装，也可监测缝隙三个方向的位移。同应变计一样，测缝计按其安装形式可分为埋入型与表面型测缝针，埋入型安装需要在先浇混凝土块内预埋套管（或已浇块内打孔预埋附件），待后浇混凝土浇至埋设点时再安装仪器；表面型安装时需先跨缝预埋锚头和固定装置，再将测缝针安装在固定装置上。埋入型测缝计见图 6-69，表面型测缝计见图 6-70。按传感器工作原理可分为差动电阻式、振弦式与电容式测缝计等。上述测缝计基本组成为变形敏感元件、密封壳体和引出电缆三部分（如图 6-71 所示），其各自传感器原理同位移计。

图 6-69　埋入型测缝计

图 6-70　表面型测缝计

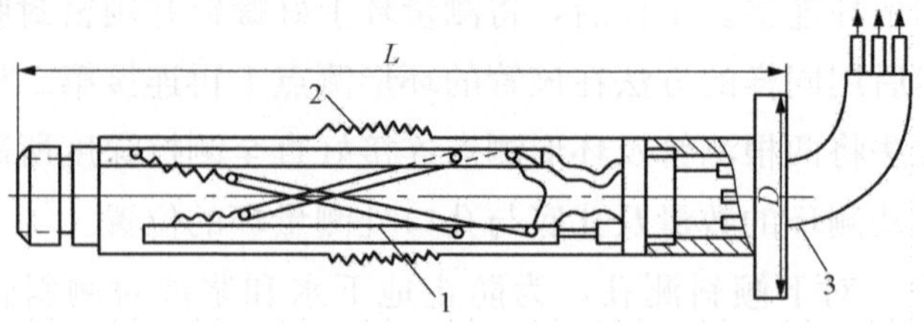

图 6-71　差动电阻式测缝计

1—变形敏感元件；2—密封元件；3—引出电缆

1）差动电阻式测缝计：差动电阻式测缝计变形敏感元件为差动电阻式传感器。

2）振弦式测缝计：振弦式测缝计变形敏感元件为振弦式传感器，有钢弦、受力弹簧、拉杆、线圈等组成。

3）电容式测缝计：电容式测缝计根据变间隙型电容感应原理设计。当缝的各向发生变位时，利用比率测量技术，通过测量分别固定于缝的两侧的仪器中间极与某一方向两平行极板间相对位置变化所引起的两电容的比值变化，将缝的各向变位的变化转换为电容比变化量输出。电容式测缝计结构见图 6-72。

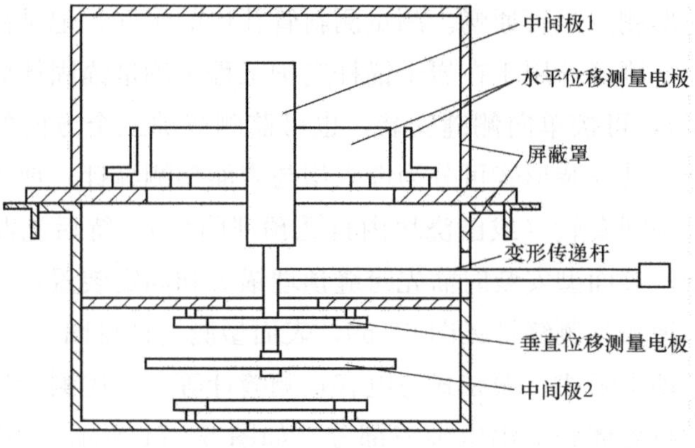

图 6-72　电容式测缝计结构

4）光纤光栅式测缝计：变形敏感元件采用光纤光栅式传感器。

2. 表面位移监测仪器

表面位移监测仪器主要介绍收敛计。

收敛计是一种可以迅速测量净空平（断）面内各个方向两点之间相对位移（即收敛）的仪器。用收敛计测量位移时，是由恒力张紧的一根钢丝或钢尺作为传递位移的媒介，采用百分表等测读工具，测量两个固定测桩之间不同时间的距离变化。

收敛计按传递位移采用的部件不同，分为钢丝式、钢尺式和杆式三种。尽管收敛计类型各异，但它们都由传递位移媒介（钢卷尺、钢丝等）、测力装置（保持钢卷尺或钢丝等在测量中恒力，如弹簧等）、测读位移仪器（如百分表、千分表等）和测桩（勒结式、倒楔式和胀壳式）等四部分组成。

收敛计结构简单、经济、有效，得到广泛应用，现对各类收敛计分别说明如下。

（1）卷尺式收敛计。卷尺式收敛计如图 6－73 所示，由百分表、钻孔钢卷尺、测力装置等组成。钢卷尺一般用铟钢或不锈钢制成。钢尺长度有 10m、15m、20m、30m、50m 等不同规格。在钢卷尺纵向轴上精确刻上等间距刻度，作为测量的粗读数，并每间隔 25mm 冲一 ϕ30mm 的小孔，孔径与孔距误差均不得超过 0.01mm。用百分表或游标卡尺作为微读数。钢卷尺式收敛计具有结构简单、操作方便、体积小、质量小等优点，特别适用于围岩收敛变形较大的基坑、硐室及边坡的位移观测。

（2）钢丝式收敛计。钢丝式收敛计如图 6－74，其传递位移的钢丝采用低热膨胀系数的殷钢制成，钢丝直径一般为 1mm 和 1.65mm 两种。钢丝式收敛计的基本组成同钢尺式收敛计，用弹簧或双速马达对钢丝施加恒定拉力，用百分表或数字电压表测读收敛变形值。钢丝式收敛计的显著特点是测量距离大，精度和分辨力都较高，其不足之处是钢丝不易保护，使用操作不方便等。

图 6－73 卷尺式收敛计

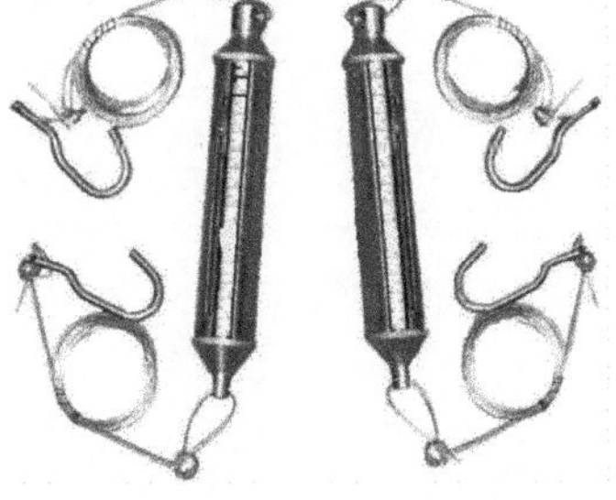

图 6－74 钢丝式收敛计

（3）杆式收敛计。杆式收敛计主要由能相对滑移的内杆和外杆、加长杆和测读仪器等组成。杆式收敛计按测读方式又可分为机械式和电测式两种。杆式收敛计测距较小、精度低，只适用于断面较小和围岩变形较大情况的测量。

思考题

1. 常用的锚固施工预紧机具有哪些?
2. 锚杆张拉施工的目的是什么?
3. 锚杆拉拔试验的目的是什么?常用的仪器有哪些?
4. 常用的锚杆测力计有哪些?
5. 收敛计主要用于哪方面测量?它由哪几部分组成?

实训题

1. 现场熟悉操作应用锚杆预紧机具。
2. 现场锚杆张拉机具安装并操作。
3. 认识各类测力及位移测量仪表。

第七章　钻　孔　工　具

第一节　取　芯　钻　具

小口径钻进取心工具，分为单管和双管两种。根据地层完整或破碎程度，可采用单管或双管。为减少升降钻具时间和减轻体力劳动，还可采用金刚石绳索取心钻具。

小口径钻进，多采用金刚石钻进，因而小口径钻进取心工具多冠有“金刚石钻进”字样。用针状合金或普通合金进行小口径钻进时，也可采用相应规格的取心工具。

一、单管钻具

1. 金刚石钻进用单管钻具

单管钻具只能在很完整的地层中使用，它由异径接头、岩心管、扩孔器，钻头和卡簧组装而成。单管钻具结构见图 7-1。

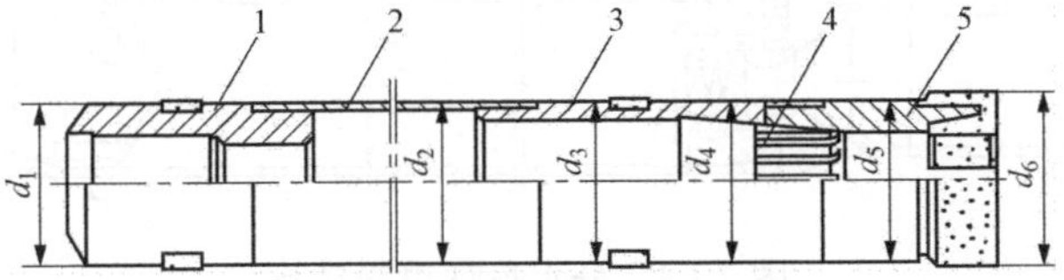

图 7-1　金刚石单管钻具

1—异径接头；2—岩心管；3—扩孔器；4—卡簧；5—钻头

2. 投球单管钻具

该钻具可隔离钻杆内的水柱压力，减少岩矿心脱落，提高岩矿心采取率。

该钻具结构简单，易于加工，操作方便。适于可钻性 3～4 级，有黏性的岩层、煤层顶板以及不易冲毁的薄硬煤层钻进。投球单管钻具结构见图 7-2。

3. 分水投球单管钻具

该钻具适于：钻进黏性大，塑性强，部分松散怕冲刷，遇水膨胀的高岭土矿质地；松软、可塑性黏性大的泥质页岩；黏土、高岭土化粉砂岩，钻具结构见图

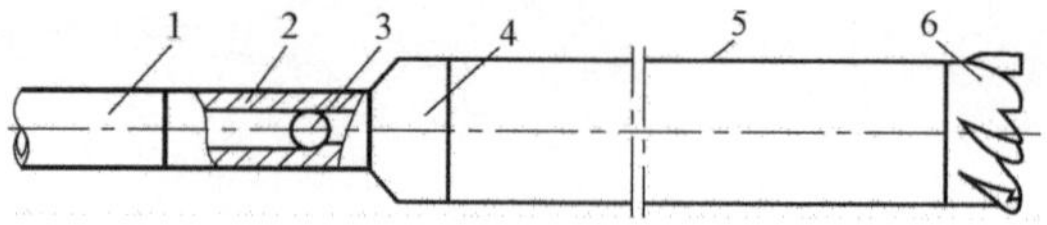

图 7-2　投球单管钻具

1—钻杆；2—阀磨接头；3—球阀；4—异径接头；5—岩心管；6—合金钻头

7-3。活动分水器随岩心上升，可有效地保护岩心不受冲刷。提钻前，球投入活塞球座6，开大水量，活塞压入弹簧座8内。小卡5伸出使活塞球座不能上升，冲洗液沿通水孔排出，孔底形成干钻。干钻时因孔内有冲洗液循环，岩粉不致沉淀，干钻较安全。提钻时，钻杆柱中的冲洗液由通水孔流至孔内，避免了在孔口喷泥浆。钻具提出孔口放平，卸出螺栓3，球阀即可滚出。

注意事项：

(1) 经常检查，以防岩粉卡死活塞座及小卡。

(2) 钻进至回次长度的1/2～1/3时投入弹子（较完整的矿层在回次长度的2/3后投球，较松散的矿层，在回次长的1/2左右即可投球），即可继续干钻至回次终了。

(3) 投球后钻进，每分钟提动钻具2～3次，以保证安全。每回次将岩心管打满，形成自堵，采取岩心更有把握。

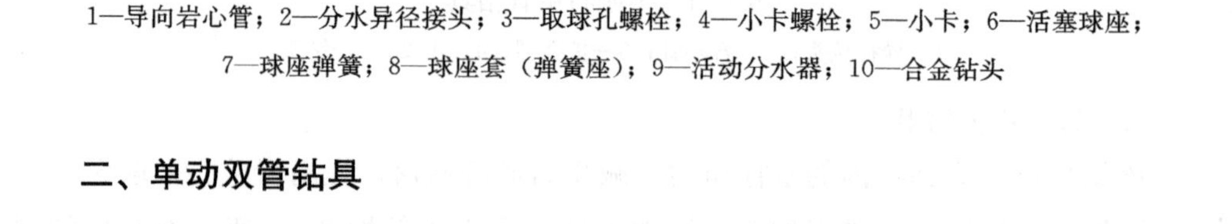

图 7-3　分水投球单管钻具

1—导向岩心管；2—分水异径接头；3—取球孔螺栓；4—小卡螺栓；5—小卡；6—活塞球座；7—球座弹簧；8—球座套（弹簧座）；9—活动分水器；10—合金钻头

二、单动双管钻具

单动双管钻具钻进时内管不动，因而在较大程度上避免了钻具回转产生的机械力对岩矿心的破坏。较之双动双管钻具，能更有效地提高岩矿心采取率、完整度和代表性。但其结构较复杂，维护较麻烦，使用要求较高，且一般不宜于硬岩层钻进。

金刚石单动双管钻具由异径接头、外管、内管、扩孔器、内管短节、卡簧座、卡簧、钻头等组成。异径接头、内管短节、卡簧座等，在不同的双管钻具中结构不同。扩孔器、钻头、双管卡簧是统一规格，结构见图 7-4。

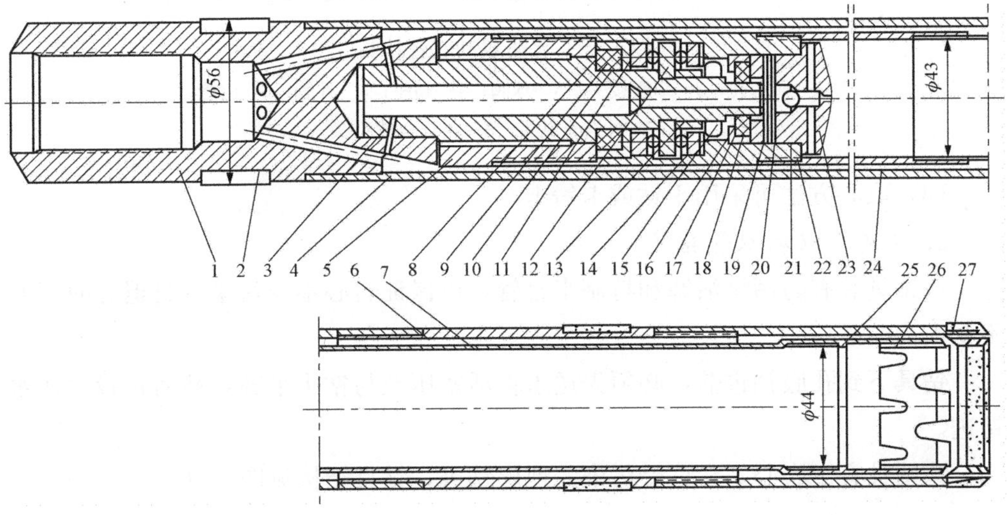

图 7-4 φ56 金刚石双管钻具

1—接头；2—硬质合金；3—轴；4—外管；5—套筒；6—扩孔器；7—内管短节；8—上密封圈外壳；9—涨紧圈；10—上密封圈；11—垫片；12—滚动轴承；13—轴套；14—锁紧圈；15—圆螺母；16—下密封圈外壳；17—下密封圈；18—涨紧圈；19—筛网；20—销钉；21—钢球（φ8）；22—轴承外壳；23—球阀座；24—内管；25—卡簧座；26—卡簧；27—钻头

三、双动双管钻具

1. 普通双动双管钻具

该钻具由双管接头、内管、外管组成，是最简单的双管钻具，适于一般破碎、怕冲刷地层。图 7-5 是普通双动双管钻具的结构图。

注意事项：

（1）内外钻头差距视地层而定，一般内钻头突出外钻头 30～50mm。地层越松软，胶结性越差，差距应越大。反之，则差距越小，甚至可为负差距。外管用合金钻头与单管合金钻头相同。内管合金钻头水口较小，高约 6～8mm，甚至不开水口。

（2）在孔壁易坍塌钻孔中钻进时，先不装球阀，以便冲孔。待扫孔到底，再投入球阀进行钻进。

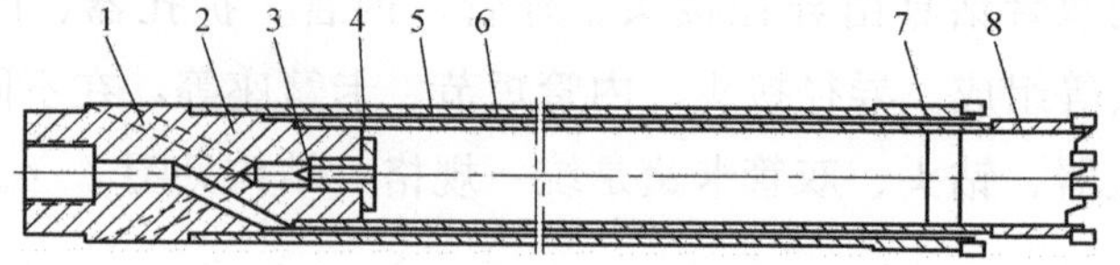

图 7-5　普通双动双管钻具

1—回水孔；2—双管接头；3—球阀；4—阀座；5—外管；6—内管；7—外合金钻头；8—内合金钻头

(3) 取心方法可采用干钻或卡簧卡心。

2. 活塞式双动双管钻具

该钻具装有防污染活塞和特制半合管，可保证岩心不受污染，且退心时岩心不受人为的破坏。

钻具下到孔底钻进前，必须先送水将活塞压至与钻头平齐，然后再投球送水钻进。

该钻具宜于岩心不允许受污染的地层钻进，钻具结构见图 7-6。

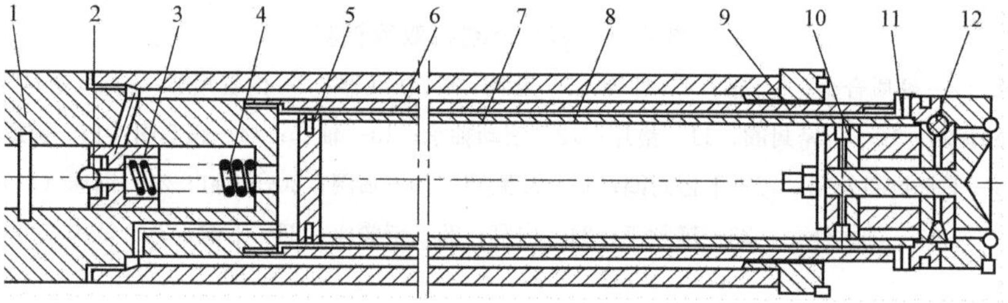

图 7-6　活塞式双动双管钻具

1—水接头；2—球阀；3—球阀座；4—弹簧；5—半合管定位钉；6—外管；7—内管；8—半合管；9—外钻头；10—活塞；11—内钻头；12—螺钉

注意事项：

(1) 下钻前仔细检查球阀座的灵活性与半合管的同心度，并在两个活塞盘之间的空间装满黄油，以消除间隙和减少活塞阻力。

(2) 钻进过程中绝对禁止提动钻具，以防泥浆污染岩心。

四、金刚石绳索取心钻具

为提高岩心采取率、完整性，应合理选用取心工具。取心工具应具有避震、减磨、隔水和卡心牢靠等性能。由于岩心的物理特性（硬度、胶结性、脆性、流失性、溶蚀性、研磨性和可钻性）不同，选择或设计取心工具时，应偏重某一方面的装置。目前在取心工具中采用的避震、减磨和防止冲刷与污染的结构与装置有如下几种：

（1）避震—双管单动、避震弹簧、活塞等。

（2）减磨—双管单动、内壁光滑的内管或半合管、合理的钻头设计（内管或半合管内径稍大于钻头内径）等。

（3）防止冲刷与污染—分水接头、隔水帽、水压活塞、双管、加大内外钻头的差距等。

采用金刚石绳索取心钻具，可以减少提下钻次数，提高纯钻进时间和钻进速度，提高岩心采取率，并能大大减轻劳动强度，是目前一种先进的钻进取心工具。

1. 绳索取心钻具

绳索取心钻具也是一种单动双管钻具。

2. 绳索取心打捞器

绳索取心打捞器用于回次结束时捞取内管取心，结构见图 7-7。

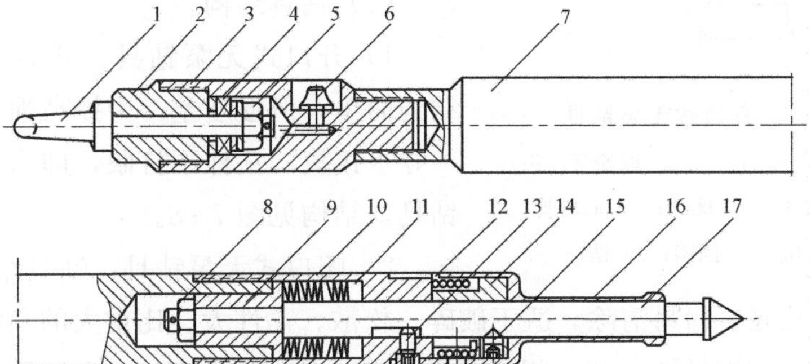

图 7-7　绳索取心打捞器

1—环管螺杆；2—轴承座；3—接头；4—轴承；5—螺母；6—黄油嘴；7—重锤；8—螺母；9—抓轴套；10—簧座；11—碟簧；12—扭簧；13—圆柱头内六角螺钉；14—扭簧座；15—内六角锥端紧定螺钉；16—开卡滑套；17—抓轴

五、反循环钻具

反循环钻具系指孔底反循环钻具。孔底反循环钻具可分为无泵反循环钻具和喷射式孔底反循环钻具两类。反循环钻具具有结构简单，加工容易，适应范围广，效果好等优点，是目前岩心钻探中常用的取心工具。

1. 无泵反循环钻具（无泵钻具）

无泵钻具，是停止水泵向孔内送水，依靠钻进时上下频繁提放钻具，造成孔内冲洗液在钻具内反向循环流动而清除岩粉，冷却钻头。采用这种方法钻进，必须保持孔内液面在粗径钻具以上。无泵钻具的取心方法，是在回次结束时减少钻具的提动次数，或者不提动钻具而加大压力继续钻进一定长度，造成岩粉沉淀和岩心堵塞以便卡取。

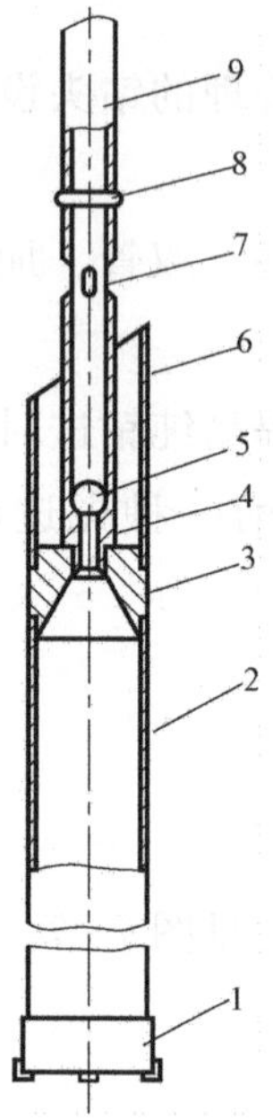

图 7-8　开口式无泵钻具

1—钻头；2—岩心管；3—取粉管接头；4—球阀接头；5—球阀；6—取粉管；7—水孔；8—挡销；9—钻杆

无泵钻具结构简单，适用于松散、怕冲刷、易溶蚀等复杂地层钻进，能获得较高的采取率。冲洗液消耗少，在漏水地层中钻进更为优越，缺点是劳动强度大，孔较深不能用。

（1）钻具结构。

1）开口式无泵钻具：开口式无泵钻具结构简单，但强度差，为提高强度，可增加一导水接头，钻杆不打眼，即为简易式无泵钻具，结构见图 7-8。

2）闭口式无泵钻具：钻具结构较复杂，但强度高，孔底岩粉易清除。适于破碎、松散、黏性大、比重大的六级以下岩层中钻进取心，结构见图 7-9。闭口式无泵钻具分水接头上接一取粉管，即为带取粉管闭口式无泵钻具。该钻具适于坍塌掉块等复杂地层钻进。

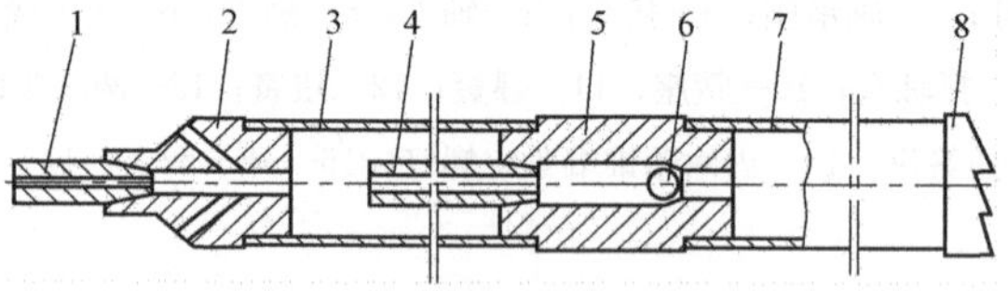

图 7-9　闭口式无泵钻具

1—钻杆；2—导水接头；3—短岩心管；4—短钻杆；5—岩心管接头；6—弹子；7—岩心管；8—合金钻头

3）无泵式双动双管钻具：其特点是既送冲洗液冷却钻头排出岩粉，又采用无泵钻进方法形成孔底反循环，因而具有无泵钻具和双动双管钻具的优点。宜于松软、破碎的岩矿层钻进取心，特别是在易冲蚀、松散的磷矿中钻进取心效果很好。

图 7-10 是无泵式双动双管钻具结构图。内外钻头差距视地层情况而定，地层越松散，差距越大。

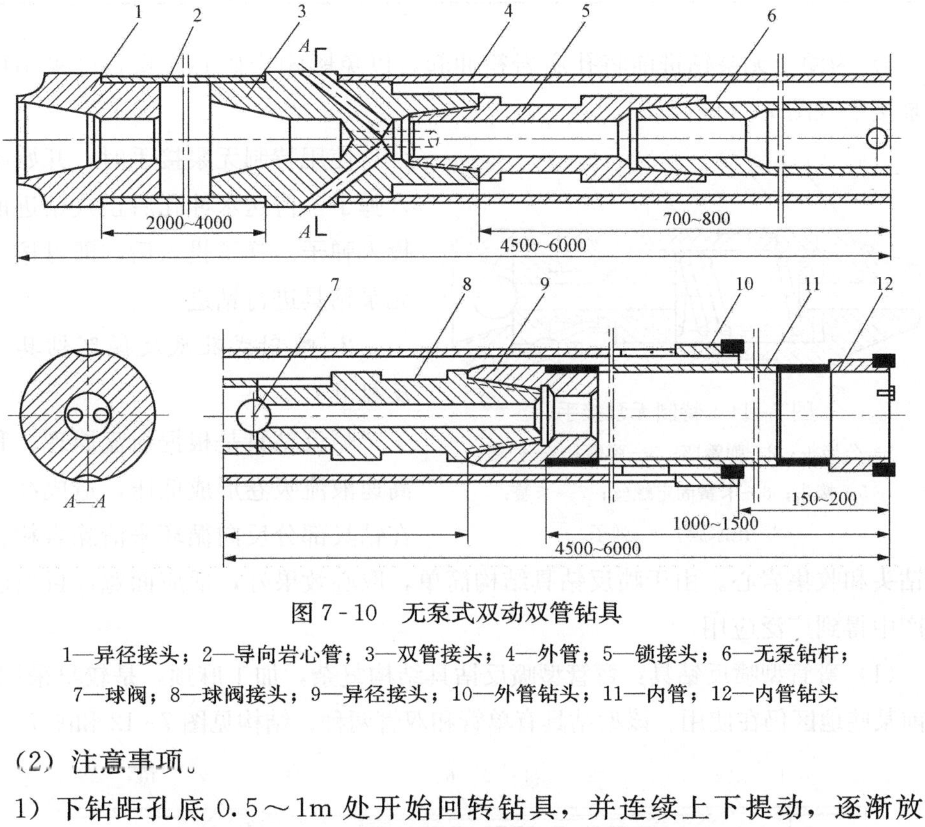

图 7-10 无泵式双动双管钻具

1—异径接头；2—导向岩心管；3—双管接头；4—外管；5—锁接头；6—无泵钻杆；7—球阀；8—球阀接头；9—异径接头；10—外管钻头；11—内管；12—内管钻头

（2）注意事项。

1）下钻距孔底 0.5～1m 处开始回转钻具，并连续上下提动，逐渐放至孔底。

2）钻具提动高度，一般 50～100mm，岩粉多，提动高度大。钻孔越深，因钻杆弯曲和伸长，提动高度应越大。

3）钻具提动次数对钻速影响很大，提动次数越多，钻进越快，但提动次数多劳动强度大，因此应采取合适的提动次数。表 7-1 是不同岩层中的合理提动次数，供参考。

表 7-1　钻具合理提动次数

岩 石 性 质	每分钟提动次数
软而胶结好的岩石：如黏土页岩、石灰岩、大理岩	8～10 次
松散、胶结性差的岩石：如磷矿、风化大理岩、砂质黏土	10 次以内
硬而脆，软硬夹层：如风化页岩、片岩	10 次以内
生成岩粉多、比重大的岩石：如软质赤铁矿、铝矾土	10～15 次
生成大量岩粉的岩石：如风化砂岩	10～15 次

4）为便于无泵钻进前将孔底岩粉冲起，以免影响岩矿心质量，可采用特制无泵接手（图 7-11）。

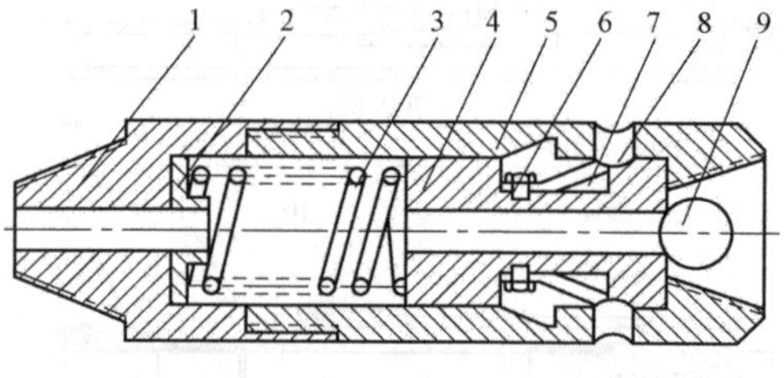

图 7-11　特制无泵接手

1—公接头；2—弹簧座；3—弹簧；4—柱塞；5—接头；6—卡簧固定螺丝；7—卡簧；8—出水膜；9—弹子

使用特制无泵接手时，开始不投入弹子，待送水冲孔后正式钻进前再投入弹子。弹子投入后，即可按一般无泵钻具进行钻进。

2. 喷射式孔底反循环钻具（喷反钻具）

喷反钻具是根据射流原理，利用高速液流吸卷形成低压，造成冲洗液在钻具部分反向循环来清除岩粉、冷却钻头和收集岩心。由于喷反钻具结构简单，取心效果好，适应面宽，目前已在生产中得到广泛应用。

（1）弯管型喷反钻具：弯管型喷反钻具结构复杂，加工麻烦，是较早采用的，目前某些地区仍在使用。该型钻具有单管和双管两种，结构见图 7-12 和图 7-13。

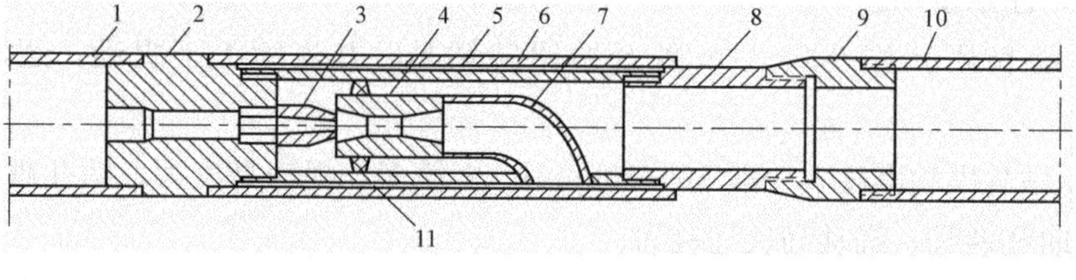

图 7-12　弯管型喷反单管钻具

1—导正管；2—喷嘴接头；3—喷嘴；4—承喷器；5—挡水管；6—连接管；7—弯管；8—接箍；9—异径接头；10—岩心管；11—导正圈

（2）分水接头型喷反钻具：分水接头型喷反钻具较弯管型加工简单，但用料

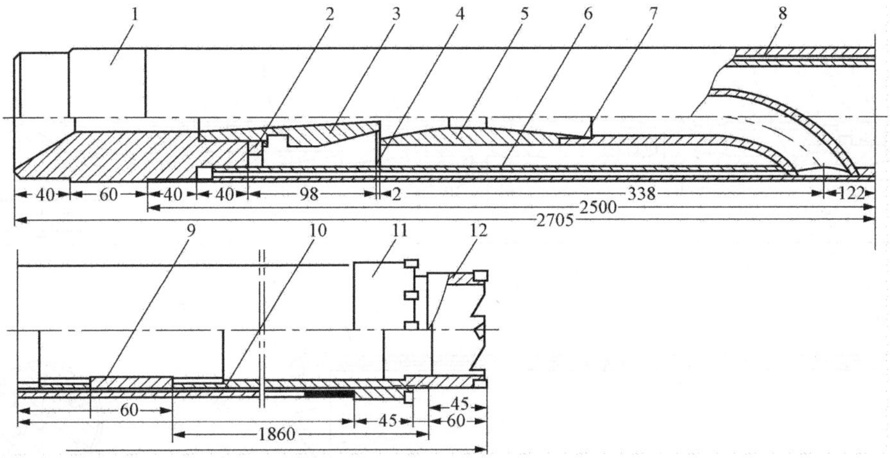

图 7 - 13　弯管型喷反双动双管钻具

1—双管接头；2—锁母；3—喷嘴；4—导正环；5—承喷器；6—吸水管；7—弯管；8—外管；9—岩心管接箍；10—内管；11—外钻头；12—内钻头

仍较多，且一种规格喷反接头只能用于一种规格钻具，所以目前现场使用也不多。

分水接头型喷反钻具有单管、双动双管和单动双管，其结构见图 7 - 14～图 7 - 16。

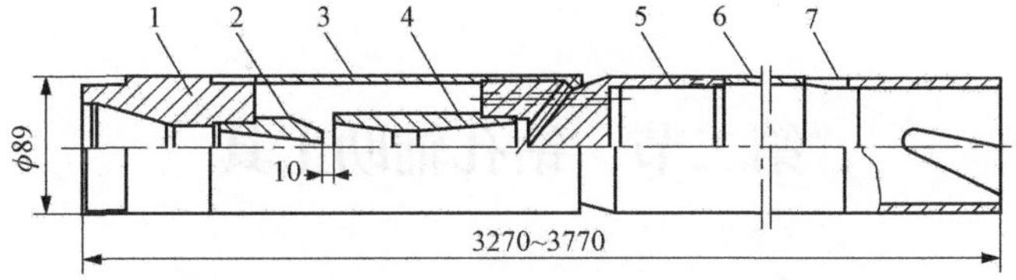

图 7 - 14　分水接头型喷反单管钻具

1—异径接头；2—喷嘴；3—挡水接箍；4—承喷器；5—分水接头；6—岩心管；7—钻头

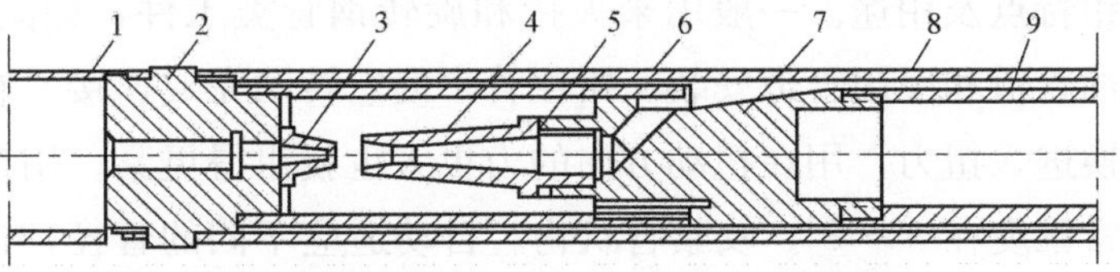

图 7 - 15　分水接头型喷反双动双管钻具

1—导正管；2—喷嘴接头；3—喷嘴；4—承喷器；5—垫圈；6—连接管；7—分水接头；8—外管；9—内管

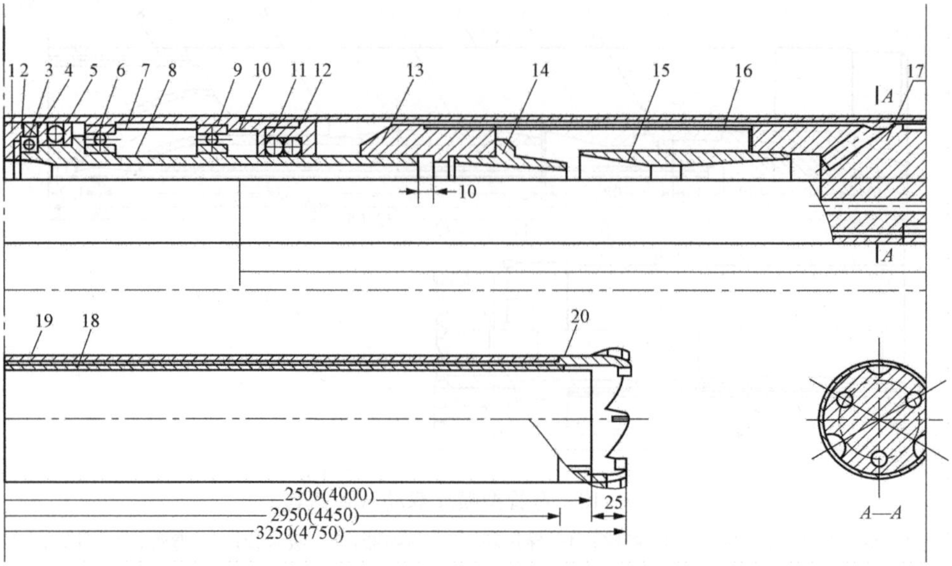

图 7-16　分水接头型喷反单动双管钻具

1—喷嘴接头；2—胶垫；3、11—密封圈；4—压环；5—滚动轴承（8210）；
6—滚动轴承（307）；8—空心轴；9—滚动轴承（307）；10—轴承外壳；12—压盖；
13—内管异径接头；14—喷嘴；15—承喷器；16—连接管；17—分水接头；18—内管；
19—外管；20—螺旋肋骨合金钻头

第二节　钻孔辅助工具

一、钳类

1. 管钳

（1）管钳特点及用途。一般用来夹持和旋转钢管类工件，如图 7-17 所示。广泛用于石油管道和民用管道安装。钳住管子使它转动完成连接。它的工作原理是将钳力转换进入扭力，用在扭动方向的力更大也就钳得更紧。用钳口的锥度增加扭矩，通常锥度在 3°～8°，咬紧管状物。自动适应不同的管径，自动适应钳口对管施加应力而引起的塑性变形，在出现这种降低管径的效应下，保证扭矩，不打滑。

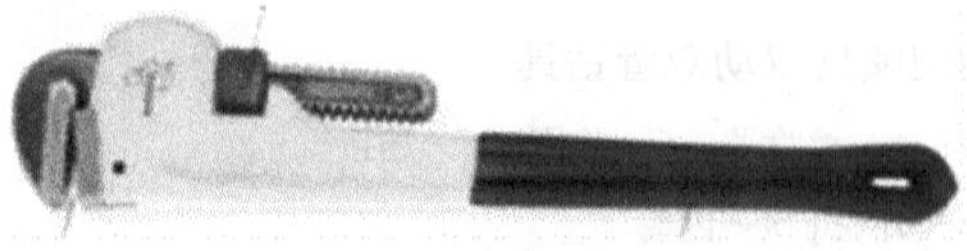

图 7-17　管钳外形图

（2）管钳规格：有 6″，8″，10″，

12″，14″，18″，24″，36″，48″九种。

（3）管钳使用注意事项。

1）要选择合适的规格。

2）钳头开口要等于工件的直径。

3）钳头要卡紧工件后再用力扳，防止打滑伤人。

4）用加力杆时，长度要适当。搬动手柄时，注意承载扭矩，不能用力过猛，防止过载损坏。

5）管钳牙和调节环要保持清洁，一般管子钳不能作为锤头使用，不能夹持温度超过 300℃的工件。

2. 自由钳

金刚石自由钳钳口金刚石分布均匀、耐磨、不易脱落。使用时不打滑、不伤管壁可延长钻探工具的使用寿命，尤其适合绳索钻具的装拆。自由钳外形如图 7－18 所示。

自由钳常用规格：ϕ57/73mm、ϕ73/89mm、ϕ89/108mm、ϕ108/127mm、ϕ127/146mm、ϕ146/168mm 等。

3. 链条钳

链条钳主要用于套管、岩芯管的拆卸，外形见图 7－19。

链条钳常用规格：1m、1.2m、1.5m。

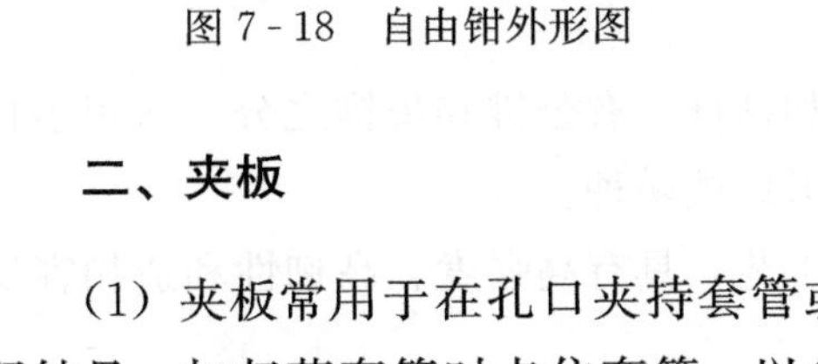

图 7－18　自由钳外形图

图 7－19　链条钳外形图

二、夹板

（1）夹板常用于在孔口夹持套管或悬挂粗径钻具。如起落套管时卡住套管，以免套管落入孔内。外形见图 7－20。

（2）夹板的常用规格有：65mm、73mm、89mm、108mm、127mm、146mm、168mm 等。

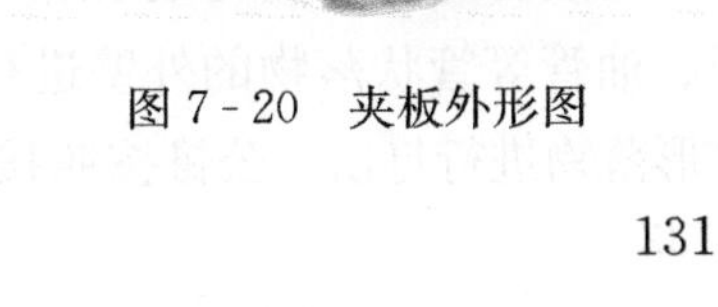

图 7－20　夹板外形图

三、提引器

地质岩心钻探升降钻具时用来提挂钻具的一种工具，也作为包括提引环在内的各种提引器的总称。提引器一般都是金属结构，内部有几个轴承，上下部可以相互旋转，它利用轴承起到旋转钻杆的作用，并且防止钢丝索断裂。外形见图 7-21。

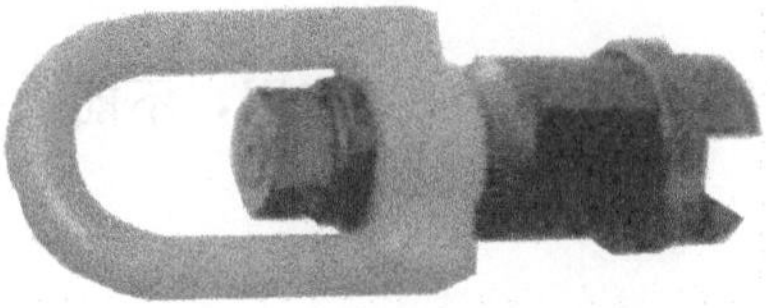

图 7-21　提引器外形图

提引器已逐步由手动的发展为自动式和半自动式，即不需塔上人工摘挂便可与钻杆接头连接或脱开。提引器有滑环式、球卡式、斜托式和弹簧式等多种。

滑环提引器规格：57、65。

四、垫叉

（1）垫叉是在地质岩心钻探施工起下钻时，将钻具卡住悬挂于孔口的工具。升降钻具时，以垫叉叉口插入钻杆锁接头的切口内，即可将钻具悬于孔口；拧卸钻杆时则用来固定下部钻杆，便于拧卸上部钻杆。外形见图 7-22。

（2）扳叉用于拆卸 42 或 50 钻杆，相应扳叉的规格有：57、65。

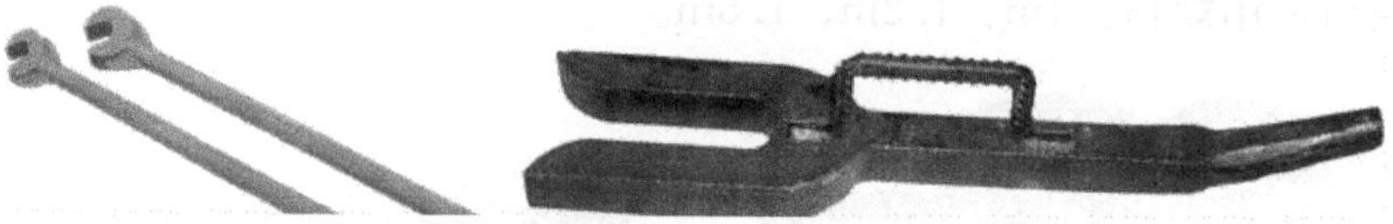

图 7-22　垫叉外形图

五、打捞丝锥

打捞丝锥，用于打捞掉入孔内的套管和钻杆，有公锥和母锥之分，适用于打捞钻杆用，打捞螺纹分锯齿形螺纹和三角形螺纹两种。

采用优质合金钢制作并经特殊热处理工艺，具有高强度、高韧性和造扣容易等优点。

公锥是打捞管柱内孔部位的一种常用打捞工具，是专用从油管、钻杆、套铣管、封隔管、配水器等有孔落物的内孔进行造扣打捞的工具。母锥是专门从钻杆、油管等管状落物的外壁进行造扣打捞的工具，可用于无内孔或内孔堵死的圆柱形落物进行打捞。公锥按照接头螺纹与打捞螺纹规格分为右旋螺纹（正扣公锥）

和左旋螺纹（反扣公锥），有的公锥开有排屑槽。公锥与正、反扣钻杆及其他工具配合使用，可实现不同的打捞工艺，螺纹规格与公锥相同。外形见图 7-23。

图 7-23　打捞丝锥外形图

六、吊锤

吊锤为地质钻探中处理孔内事故的工具之一，外形见图 7-24。当发生卡钻、埋钻等事故时，由人力或机械拖动吊锤来震击钻具而使其松动的作业称为打吊锤。

吊锤常用规格：50kg、100kg、150kg 等。

图 7-24　吊锤外形图

思考题

1. 常用的小口径取芯工具有哪几种？
2. 常用自由钳规格有哪几种（写出 4 种以上）？

实训题

1. 现场根据地层及钻孔目的选择取芯工具。
2. 现场认识常用钻孔工具。

第八章 钻 孔 管 材

第一节 钻孔用管材

钻探管材是钻探工程中主要材料之一。合理选择管材材质和规格，正确选用热处理和机械加工，对钻探工程减少事故、降低成本、提高质量和生产率有着重要意义。

岩心钻探使用的管材统称为地质管材。按用途分类可分为：

（1）钻杆：传递扭矩和轴向载荷于钻头，并向孔内输送冲洗液。

（2）岩心管：传递扭矩和轴向载荷于钻头且容纳岩心。

（3）套管：保护孔壁、隔离透水层。

（4）厚壁管：制造钻杆接头、钻头及钻铤等。

以上所列管材均为优质的无缝钢管。

第二节 钻 杆

一、钻杆及其接头

1. 普通钻杆

普通硬质合金钻进用钻杆，为保证钻杆两端加工螺纹处有足够的强度，以加厚的方法增加断面尺寸。其加厚形式有内加厚和外加厚两种。加厚是用专门的散管机进行加工的。钻杆加厚后再进行丝扣车制及热外理，如图 8-1。

对加工后钻杆要求：

（1）钻杆内外表面不得有裂缝，折叠、轧折离层、发纹和结痕存在。其深度不得超过外经允许公差的轻微凸凹面，纵向直通道等缺陷则允许存在。

（2）钻杆椭圆度不得超过外径允许公差范围，光管部分的壁厚不均，不得超过允许公差范围，在使用中，外径磨损超过 2mm 不得继续使用，磨损超过 1mm，不得用于深孔钻进。

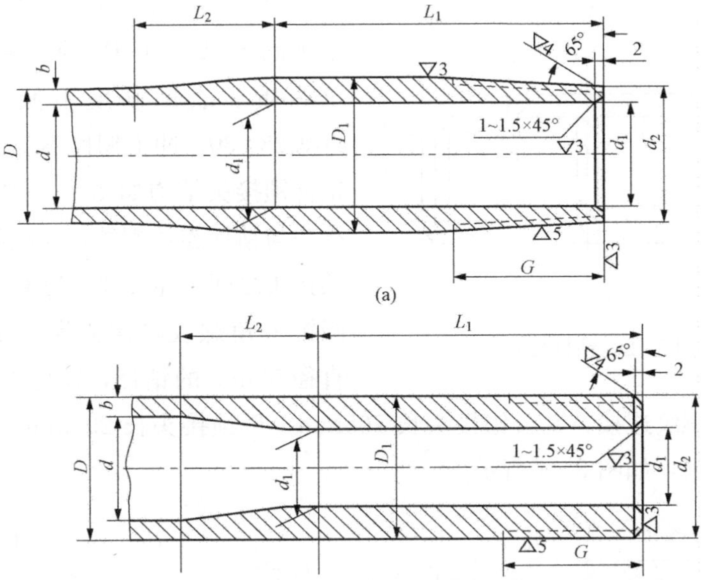

图 8 - 1　普通钻杆

(a) 形式 1；(b) 形式 2

(3) 内加厚钻杆的弯曲度每米不大于 1mm，外加厚钻杆弯曲度每米不大于 1.5mm。

2. 普通钻杆接头

钻杆在使用中可以单根接卸，也可以几个单根接成“立根”接卸。立根长度由选用钻塔高度确定。立根中两根外丝钻杆间的连接头称为接箍，接箍两端有内螺纹，与外丝钻杆连接。钻杆接头两端为外螺纹，与内丝钻杆连接。接在立根之间的接头称“锁接头”。

(1) 钻杆接箍：一般钻杆接箍与钻杆为同号级钢种，当钻杆材质低于 DZ-55 钢级时，接箍则采用高一级钢级。接箍内中部退刀槽深度齿高 t_1 相比不得大于 0.5mm，若不车此槽，中部螺纹允许重叠 1 至 2 扣。内加厚钻杆接箍螺纹的同轴性偏差在任意端面间不大于 0.5mm，在 4m 长度内不大于 1.5mm，外加厚钻杆接箍则不大于 0.75mm，在 1m 长度内不大于 2mm。钻杆接箍的构造如图 8 - 2。钻杆、接箍的螺纹为三角螺纹。螺纹部分为锥台形体，锥度为 1∶6。螺距有 3.175mm（每英寸 8 扣）和 2.540mm（每英寸 10 扣）两种。后者称为细螺纹。

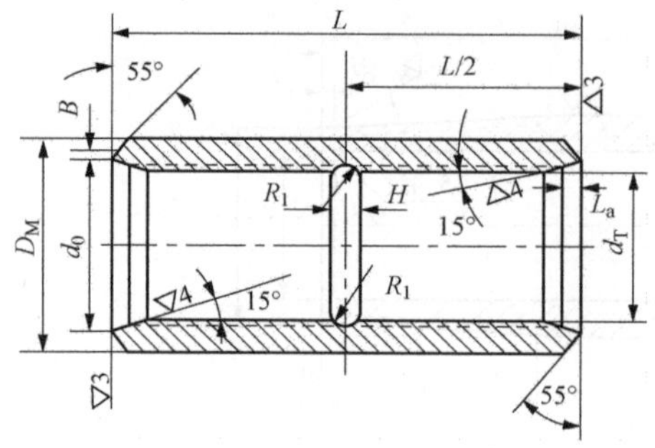

图 8-2　钻杆接箍

（2）钻杆锁接头：锁接头用屈服极限不低于 65×10^5 Pa 的钢种制成，并要求调质后表面硬度不低于洛氏硬度 HRC28-30，冲击韧性不低于 4×10^5 Pa。钻杆锁接头结构如图 8-3 所示。钻杆锁接头与钻杆连接螺纹，与接箍螺纹相同。锁接头之间的连接螺纹为 1∶5 或 1∶6 的圆锥三角螺纹，常称为“粗扣”。对于直径 50mm 的钻杆，还可以采用每英寸四扣的矩形螺纹连接，其公锁接头长 165mm，母锁接头长 290mm，母锁接头兼做钻杆接箍用，如图 8-4 所示。

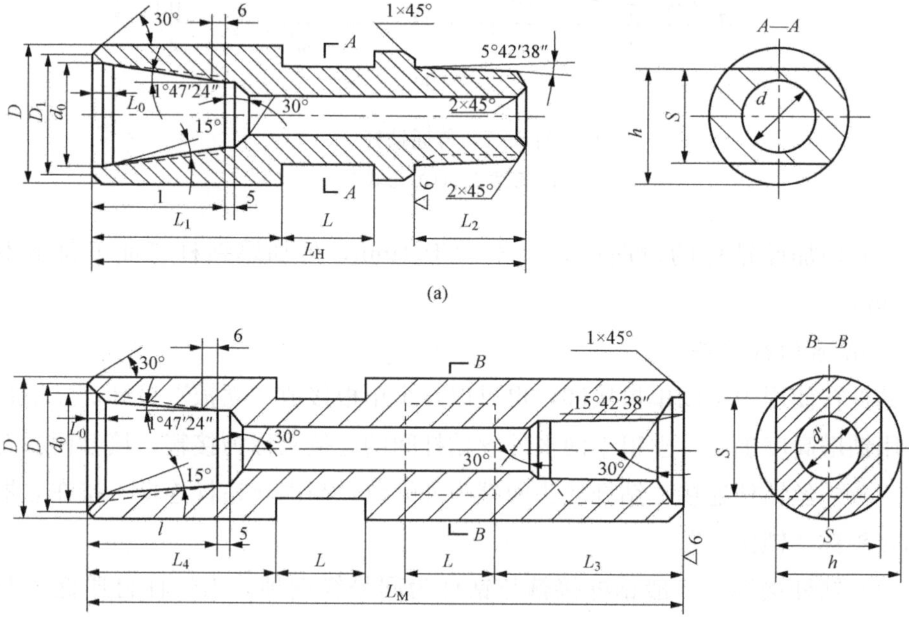

(a)

(b)

图 8-3　钻杆锁接头

（a）母锁接头；（b）公锁接头

3. 金刚石钻进用钻杆

（1）材质与规格：金刚石钻进用钻杆材质必须符合 YB/T5052—1993 的规定。钻杆表面质量检查不得有裂缝、轧褶、离层和结疤存在，上述缺陷允许用

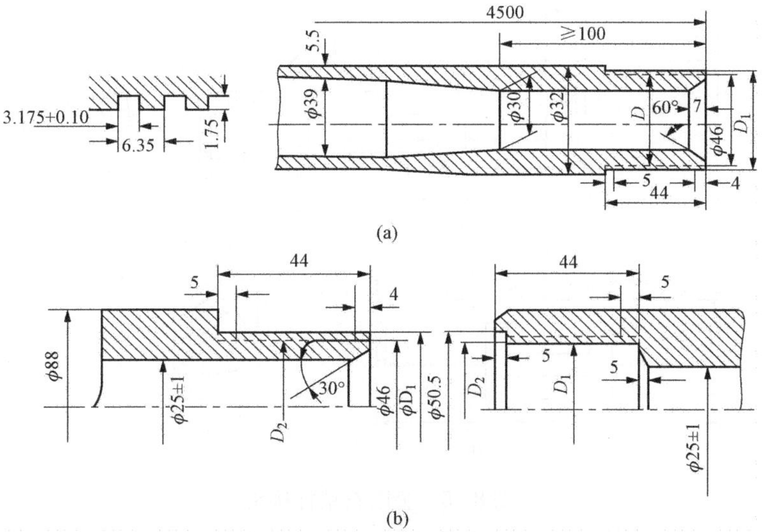

图 8-4　矩形螺纹钻杆锁接头及其螺纹

(a) 母锁接头；(b) 公锁接头

锉、砂轮清除。清除不得使壁厚超过负偏差。深度超过外经或壁厚允许偏差的轻微缺陷允许存在。

金刚石钻进钻杆有普通钻杆和绳索取心钻杆两种。

(2) 钻杆与钻杆接头的构造：金刚石钻进用的钻杆，两端为内螺纹，接头为外螺纹。钻杆单根之间用接头连接，立根与立根用锁接头连接。接头和锁接一般用 40Cr、40CrMo 和 40 号等钢制成，并经调质处理。

公锁接头和钻杆接头相同，但增加一个切口，如图 8-5 (b) 所示。母锁接头有带切口 [图 8-5 (a)] 和带半圆卡槽的两种型式，前者用于切口式提引器，后者用球卡式提引器。

(3) 绳索取芯钻杆与钻杆接头：绳索取芯钻杆的材质与技术要求应符合 YB/T 5052—1993 的规定，钻杆连接螺纹采用带有锥度的特殊梯形螺纹。钻杆两端为外螺纹，单根钻杆用两端带有内螺纹的钻杆接头连接。绳索取芯钻杆与钻杆接头见图 8-6。

4. 主动钻杆、钻铤

(1) 主动钻杆：主动钻杆是穿于钻机回转器上的机上钻杆，其上端接水接头，下端接孔内钻杆，以便将扭矩和轴向力传至孔内钻杆。主动钻杆采用 DZ-40、DZ-50 号钢级制造，横断面有：两方、四方、六方和键槽式等形式，其断

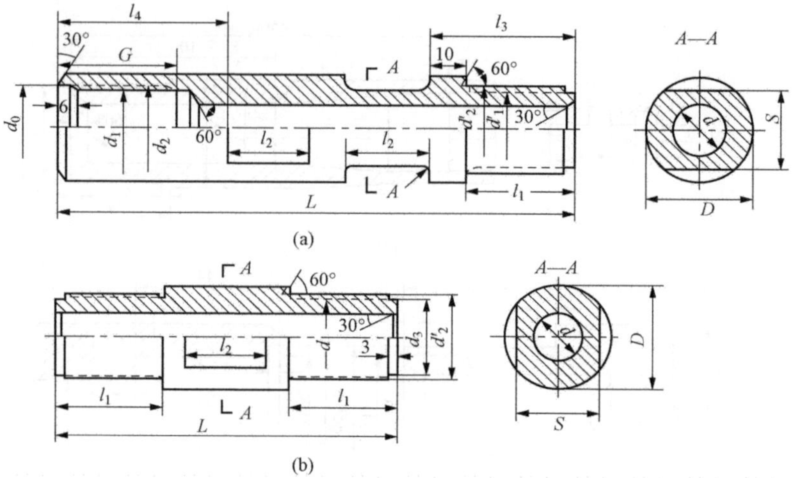

图 8-5　金刚石钻杆接头

（a）母锁接头；（b）公锁接头

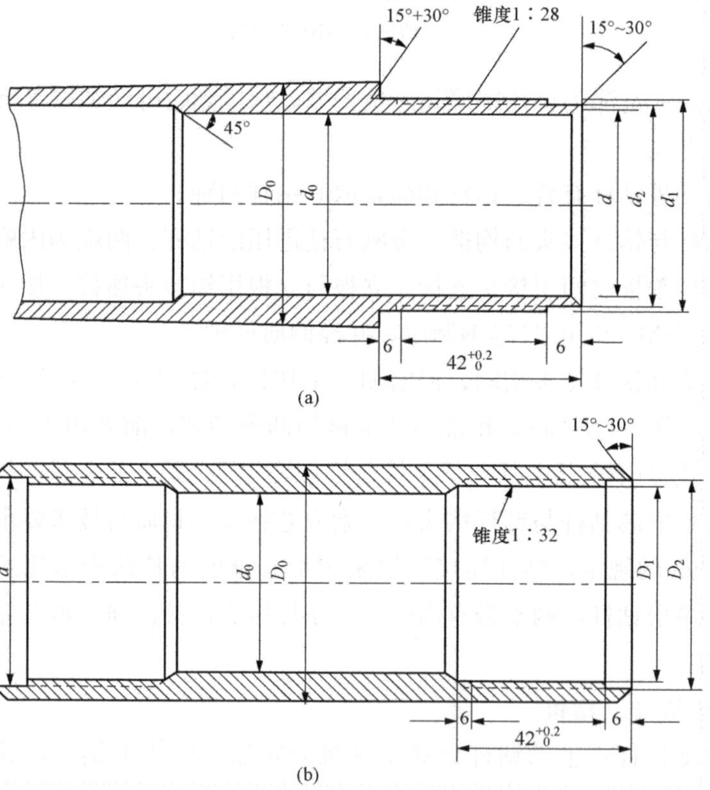

图 8-6　绳索取芯钻杆与钻杆接头

（a）钻杆螺纹；（b）钻杆箍头螺纹

面如图 8-7 所示。主动钻杆要求弯曲度每米不大于 1mm，定尺长度允许公差为±100mm，外圆及对面距允许公差按 1%计算，表面方部、圆角部光洁平整。

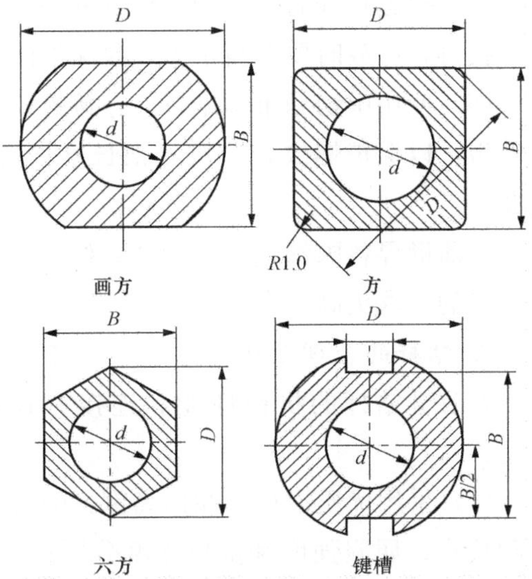

图 8-7　主动钻杆断面

（2）钻铤：钻铤由厚壁无缝钢管制成。其单位长度质量大，钻进时连接在岩心管上部对孔底起加压作用，并使上部钻杆始终处于拉伸状态，增加钻具稳定性，减少钻杆和接头的磨损，并可防止钻孔弯曲。钻铤的钢材与钻杆相同，其要求外径允许公差，壁厚允许公差为 12.5%，弯曲度每米不大于 1.5mm，钻铤结构如图 8-8 所示。

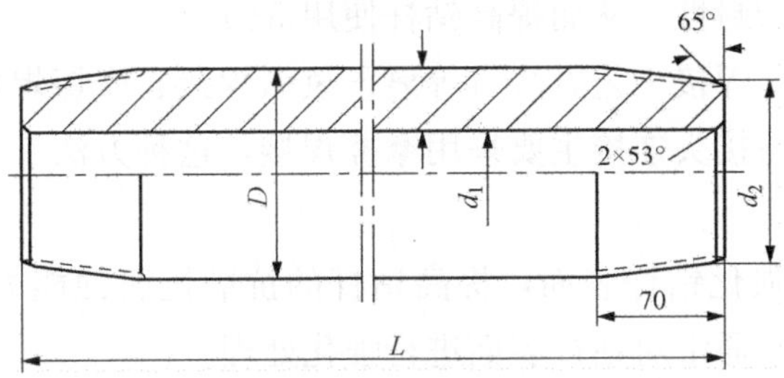

图 8-8　钻铤结构

二、钻杆的合理使用与改进

1. 钻杆的合理使用

钻杆的弯曲对钻杆的破坏有很大的影响，要改善钻杆的工作条件首先要减少钻杆的弯曲，即要减小钻杆弯曲挠度和增大其半波长度。这是合理使用钻杆的重要方面，合理使用钻杆涉及的方面较多，简要归纳如下：

（1）首先要遵照规程规定，按孔深和孔径正确选配钻杆。

（2）推广使用金刚石小口径钻进，减小环状间隙改善钻杆柱工作条件，在钻大口径钻孔中使用保护箍，以减少挠度，减少磨损。目前使用较多的是橡皮保护箍。

（3）为改善钻杆工作条件，在大口径深孔钻进时应使用钻铤加压，在钻铤自重作用下，使钻杆在张直情况下工作。

（4）应选用优质钻杆，严格质量检查制度，对出厂不合质量，搬运时损坏或弯曲的以及磨损超过 1.5mm 的都不准使用。

（5）搬运钻杆时，必须在螺纹处涂上丝扣油再套上护丝。装卸时应注意不得随意投掷，存放时要保持平整，要涂油防锈。

（6）使用中切忌重锤敲打，连接螺纹处涂以丝扣油便以拧卸，机场立根台应垫木板，以保护螺纹，并按立根长度设置合理立根靠架和中间支撑，防止立根弯曲。

目前世界各国都重视对钻杆管材的研究，尤其是推广绳索取心钻进后，对钻进管材的要求更高。

2. 钻杆的合理改进

在改进钻杆的机械性能和连接方式方面，目前主要的技术措施和发展方向是：

（1）采用优质钢材，在提高钢材的机械性能上大部分采用合金结构钢制作钻杆和接头，屈服强度和抗拉强度分别在700MPa和800～850MPa以上。采用优质铝钢的绳索取心钻杆，抗拉强度可高达950～1000MPa，抗弯曲、抗扭强度以及耐磨性等都有较大的提高。

（2）改进钻杆连接，提高钻杆使用寿命。采用专用机床或数控机床加工钻杆和接头螺纹，提高螺纹加工精度和密封性，从而提高钻杆使用寿命。

采用焊接方法连接钻杆与接头。焊接工艺方法有等离子氢弧焊接、摩擦焊接和闪光焊接等。我国绳索取心钻杆与接头连接主要采用摩擦焊接，这种方法工艺简单、焊接强度高。

（3）采用机械和物理化学方法强化钻杆表面，提高钻杆的抗磨抗腐蚀能力。为提高钻杆的抗磨性和抗腐蚀能力，通常对钻杆表面进行强化处理。

提高钻杆柱耐磨性的措施方法有：对钻杆表面进行喷砂处理和滚压加工或者进行表面高频淬火，以及在钻杆接头表面喷焊碳化钨合金。

（4）采用轻合金钻杆，可以减轻钻杆柱的质量，因而带来一系列优点。目前采用的有铝合金钻杆，镁锆合金钻杆，以及高强度的轻合金钻杆。

第三节　岩心管与套管

在钻进过程中，岩心管处在整套钻具的底部，其上部用异径接头与钻杆连接，下部则连接钻头。扭矩和轴向载荷都经岩心管传至钻头。此外，岩心管也起容纳岩心和导正钻孔的作用。岩心管有普通单层和双层之分。套管主要起保护孔壁、防止坍塌，隔离含水层用。

一、岩心管、套管的材质与尺寸规格

岩心管在钻进时内外壁均受到剧烈磨损，特别是螺纹连接部分，加工后管壁较薄，磨翻后强度减弱影响使用，岩心管、套管工作时均承受较大的外力载荷。因此，岩心管与套管皆用优质钢材制成。目前国产岩心管、套管及其接头用 DZ-40 至 DZ-75 号钢级的无缝钢管制成。岩心管、套管及接头结构如图 8-9 所示。

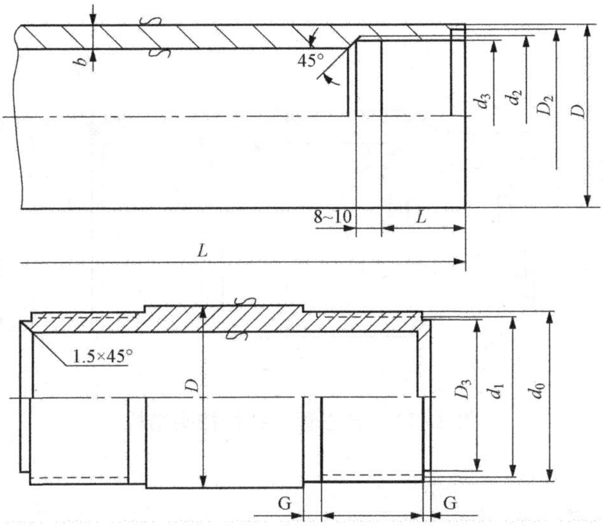

图 8-9　岩心管、套管及接头结构

二、岩心管、套管及接头螺纹

岩心管、套管及接头螺纹螺距均为 4mm，齿形倾斜角 $\alpha/2$ 为 5°的梯形螺纹，如图 8-10 所示。

三、岩心管接头

岩心管与钻杆的连接用岩心管—钻杆接头连接，钢粒钻进时用沉淀管接头连接。不同直径的岩心管用岩心管异径接头连接。

1. 岩心管—钻杆接头

又称异径接头，一般采用 DZ-40 号钢级制造。岩心管—钻杆接头结构如图 8-11 所示。

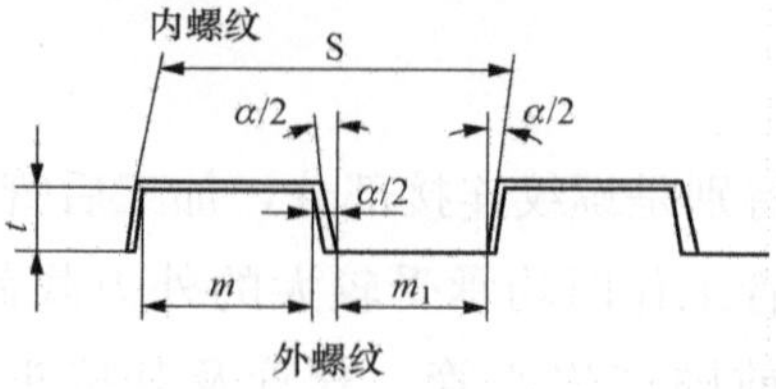

图 8-10　岩心管、套管及接头螺纹扣形

2. 岩心管异径接头

岩心管异径接头的材质与岩心若相同，如图 8-12 所示。

3. 金刚石钻探用岩心管与套管

按 YB/T5052—1993 规定，金刚石钻探用岩心管、套管的材质、钢级与其所用钻杆相同。

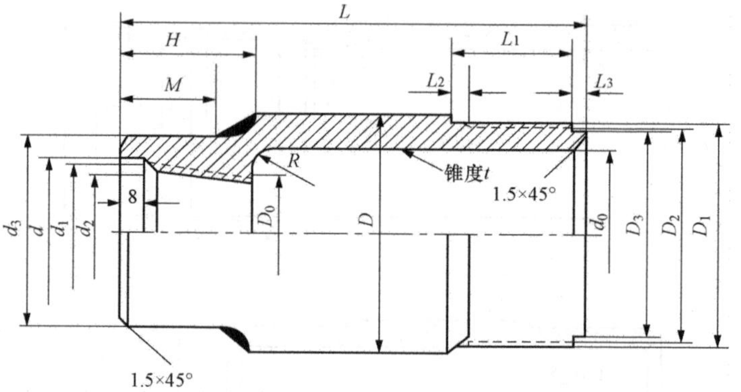

图 8-11　岩心管—钻杆接头结构

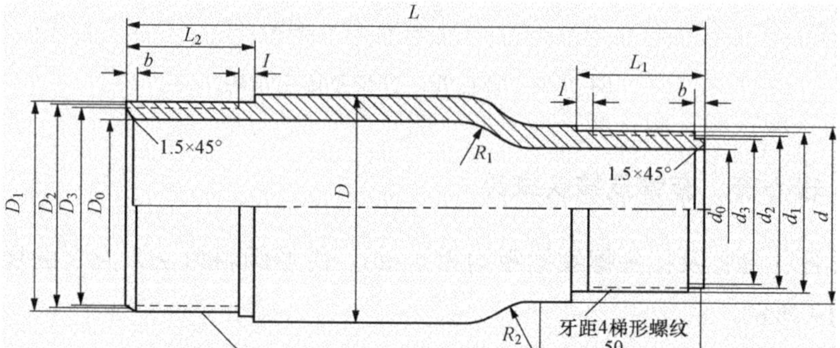

图 8-12　岩心管异径接头结构

钢管的椭圆度和壁厚不均匀度应分别不超过钢管外径和壁的允许偏差。

绳索取芯用岩心管螺纹齿形的基本尺寸与普通双管所采用的一致。

金刚石钻进所用岩心管，其单管或双层管的外管，两端均为内螺纹，上端接异径接头，下端接扩孔器，如图 8-13（a）所示。双层管的内管上端为内螺纹，以与异径接头相连，下端镗孔无丝扣，与采心器嵌装，如图 8 - 13（b）所示。

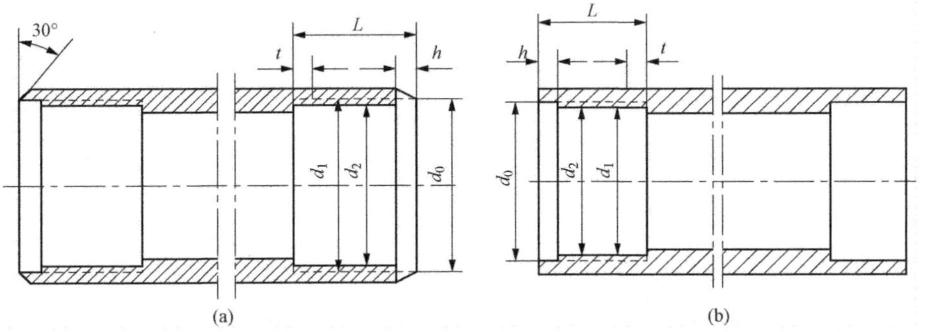

图 8 - 13　金刚石钻进用的岩心管

（a）单管或双层管的外管；（b）双层管的内管

金刚石钻进的套管一端为内螺纹，一端为外螺纹（见图 8 - 14），两管直接相接。

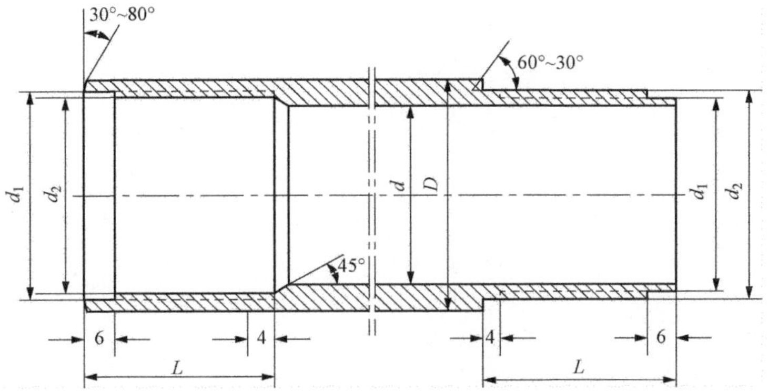

图 8 - 14　金刚石钻进用套管结构

思考题

1. 钻孔用管材按用途分为哪几类？
2. 怎样合理使用钻杆？
3. 试述岩心管和套管的区别。

实训题

现场识别不同用途钻杆、套管、岩心管并根据条件进行选择使用。